Marianne Mertens · Des Waidmanns Weib

BLV Verlagsgesellschaft
München Wien Zürich

MARIANNE MERTENS

DES WAIDMANNS WEIB

ZEICHNUNGEN
VON CLAUS ARNOLD

CIP-Kurztitelaufnahme der Deutschen Bibliothek

Mertens, Marianne:
Des Waidmanns Weib/Marianne Mertens. -
12. Aufl. - München, Wien, Zürich:
BLV Verlagsgesellschaft, 1980.
ISBN 3-405-11304-0

Zwölfte Auflage

Umschlagzeichnung: Claus Arnold
Satz und Druck: Hablitzel & Sohn GmbH, Dachau
Bindearbeiten: Conzella, Urban Meister, München

Printed in Germany · ISBN 3-405-11304-0

DES WAIDMANNS WEIB

»Das Wasser im Bad ist wieder nur lauwarm. Red doch gleich mal dem Hausmeister ins Gewissen, ich hab wirklich keine Lust, in der Wanne zu erfrieren!«
So geht es schon am Morgen an und zu Mittag weiter: »Das Fleisch ist zäh wie alter Autoreifen, ein ausgehungerter Steppenwolf würde sich weigern, es zu verschlingen.«
Und gegen Abend heißt es dann: »Was ist mit meiner Schreibtischlampe los? Wenn da nicht gleich eine neue Birne reinkommt, bin ich in spätestens drei Tagen blind!«
Wer von uns Frauen kennt sie nicht, diese Klagen der verwöhnten Männer? Welche Übertreibungen bekommen wir täglich zu hören, was für Ansprüche werden da gestellt und wie bequem sind die Herren geworden!
Aber siehe da, kaum ist man in der Jagdhütte angelangt, da sind unsere Nörgler gar nicht mehr wiederzuerkennen. Plötzlich ist alles in Ordnung, der qualmende Ofen wird liebevoll gestreichelt und was primitiv ist, gilt als romantisch. Ohne jeden Laut der Klage holt sich mein Hans das eiskalte Wasser vom Bach und kratzt sich friedlich den Bart vor einem Spiegel, der doppelt gesprungen ist. Kein kritisches Wort bekomme ich zu hören, als der zache Braten seines greisen Gamsbockes auf dem Tisch steht. Dabei wird mir fast übel von dem Brunftgeruch, der unsere Hütte erfüllt. Die Petroleumlampe rußt und flackert, aber seine Feder huscht geschwind über die Blätter. Das miserable Licht ist anheimelnd und genügt ihm vollkommen.
»So hab ich's gern«, läßt er sich hören, »in dieser behaglichen Atmosphäre kommen einem die besten Gedanken.

Hier wird man wieder zum Menschen, findest du nicht auch?«

Ja, das finde ich auch, muß aber noch den Abwasch machen, der auf dem Küchentisch herumsteht. Wie peinlich, der Herd ist ausgegangen. Und das ist meine Schuld, denn ich habe vergessen, nachzulegen. Das Anzünden gelingt nicht gleich, weil kein Reisig mehr da ist. Gewiß, ich könnte mir die Glut aus dem Stubenofen holen, aber das würde ihn stören, weil er doch geistig arbeitet. So versuche ich es mit Papier und trockener Baumrinde.

»Was rumorst du denn da draußen herum?« ruft es von drüben. »Komm doch her und sei ein bißchen gemütlich.«

»Aber ich muß doch abwaschen«, gebe ich zaghaft Bescheid, »und krieg den Herd nicht an.«

Kann ich meinen Augen trauen? Tatsächlich kommt er und will mir helfen. Ganz gerührt bin ich von so viel Kameradschaft.

»Laß mich das machen, Liebste, dann geht's schneller.«

Seine Methode ist sehr einfach. Er trägt all die Tassen, Teller und Töpfe zum Holztrog vor der Hütte, in den sich unsere Quelle ergießt.

»Auch zum Abwaschen gehört eben Verstand«, meint er strahlend. »Du sollst mal sehen, wie schön sauber unser Brünnlein das Zeug bis morgen früh abgeplätschert hat.«

Was soll unsereins dazu sagen?

Am nächsten Morgen gießt es in Strömen und dazu bläst ein kalter Wind das Tal hinauf. Also werden wir uns einen faulen Tag machen, denke ich, so richtig ausschlafen und der Erholung leben. Aber das denke ich nur, die Wirklichkeit ist anders.

»Es gibt kein schlechtes Wetter«, erklärt mir mein Jäger,

C.ARNOLD

»es gibt nur falsche Kleidung. Zieh dich richtig an, dann gehen wir los.«
In mein Schicksal ergeben, das ich selber herausgefordert habe, als ich die Ehe mit einem passionierten Waidmann einging, suche ich meine Siebensachen zusammen.
»Gehen wir sehr weit?«, frage ich vorsichtig, »meine Schuhe sind nämlich . . .«
Ein vernichtender Blick trifft mich, noch bevor ich sagen kann, was mit meinen Schuhen los ist.
»Wußt ich's doch! Noch keine einzige Frau habe ich auf der ganzen Welt getroffen, die richtige Schuhe anhat, wenn mal ein paar Regentropfen fallen!«
Natürlich behaupte ich nun, für alles gerüstet zu sein und mache dazu noch ein unternehmungslustiges Gesicht. Er nimmt es für bare Münze, obwohl doch jeder vernünftige Mensch sehen müßte, daß die Lukleinsohle an meinem rechten Schuh herunterhängt. Es ist ja meine Schuld, ich muß es zugeben. Weiß ich doch, daß Schuheknabbern der Lieblingssport von unserem Axel ist. Damit der Hund nicht dran kann, müssen wir immer die Stiefel hochhängen. Das hatte ich vergessen. Aber lieber laufe ich hundert Kilometer weit auf halber Sohle, als daß ich jetzt noch etwas sage. Mein Hans steht schon ungeduldig im Vorhäusl, das Gewehr über der Schulter und sein Fernglas auf der Brust.
»Der Regen hat gar nichts zu sagen«, meint er beruhigend, »wenn wir erst droben sind, ist der Himmel klar.«
Ich möchte nur wissen, was dieses »droben« bedeuten wird. Hoffentlich meint er nicht eine Besteigung des Scheibenkogel, denn das ist der steilste und gemeinste Weg im ganzen Revier.

Man sagt zwar, daß Hunde die Gabe besitzen, die innersten Regungen eines Menschenherzens zu erfühlen, doch macht unser Axel darin eine Ausnahme. Er ist außer Rand und Band vor Freude, daß es in den Regen hinausgeht, springt an mir hoch und patscht mich ganz schmutzig mit seinen Pfoten. Ihm kann es gar nicht weit genug sein, und er ist fest davon überzeugt, daß ich seine Ansichten über das Jagdvergnügen teile, zu dem wir aufbrechen. Er ist halt auch ein Mann und dazu noch von jagdlicher Leidenschaft besessen.

»Wir wollen mal erst einen Sprung auf den Scheibenkogl machen«, entscheidet Hans, »und wenn da nichts los ist, gehen wir zum Kohlanersattel hinüber.«

Dagegen sollte ich wirklich protestieren! Denn es ist auch bei bestem Wetter eine anstrengende Tagestour. Aber mein Lebensgefährte schwelgt schon so in Vorfreude, daß ich ihn nicht enttäuschen mag. Ich nicke ihm zu und lächle sogar.

Was er wohl alles wieder in seinen Rucksack gepackt hat? Schwer und aufgebauscht liegt die Traglast auf der Bank, um alsbald mit geübtem Schwung auf seinen Rücken zu fliegen. Ich selber brauche nichts zu tragen, in dieser Hinsicht ist mein Mann wirklich Kavalier.

»Wenn wir etwas schießen«, meint er, seinen Bergstock ergreifend, »dann kannst du ja den Rucksack nehmen und ich schleppe den Bock.«

So ein Jäger denkt doch an alles!

»Wir wollen keinen unnötigen Umweg machen und durch den Bach gehen«, schlägt er vor und hält es für selbstverständlich, daß ich ebenso denke.

Was hat es uns doch für Mühe gekostet, bis endlich die

Brücke über den Kaiserbach fertig war. Sie mußte ja unbedingt gebaut werden, damit wir mit dem Wagen vor die Hütte fahren können. Es ging wirklich nicht, das Auto unten am Talweg zu lassen, dann hätten wir ja die fünf Minuten bis an die Hütte zu Fuß laufen müssen! Vielleicht gar noch mit Gepäck. Nun ist die Brücke da und der fahrbare Weg auch. Weil wir aber Sportsleute sind, sobald der Wagen verlassen ist, müssen wir nun quer bergab steigen und dann mitten durch den Kaiserbach waten, der im Regen mächtig angeschwollen ist. Wo da die männliche Logik sein soll, möchte ich wissen.

Hans versteht es vortrefflich, über die moosbewachsenen, glitschigen Steine zu turnen. Ich bin da nicht ganz so sicher.

»Soll ich dir helfen«, fragt er teilnahmsvoll, »oder schaffst du es allein?«

»Nein, geh schon! Wenn du mir zuschaust, macht mich das nur nervös.«

Froh darüber, sich nicht aufhalten zu müssen, schreitet er sicheren Fußes weiter, von einem Steinbuckel zum anderen. Ich rutsche schon beim zweiten Schritt daneben und stehe bis an die Knie im Wasser. Es läuft mir eiskalt bis an die Zehenspitzen. Auch gut, denn jetzt brauche ich wenigstens nicht mehr über die ekligen Steine zu turnen. Durch das Gestrudel laufe ich hinüber und steige hinter ihm ans rettende Ufer. Er hat natürlich nichts gemerkt.

Um wieder warme Füße zu bekommen, gehe ich schneller als sonst, sogar den Hang hinauf.

»Du darfst nicht so rennen, Kind«, werde ich belehrt, »es ist der größte Fehler, den man in den Bergen machen kann. Man muß haushalten mit seinen Kräften und hübsch langsam steigen. Nur die Anfänger rennen so wie du. Daran erkennt man sie.«

Mein Mann nimmt den Hund an die Leine. Auch er muß jetzt folgen und soll nicht gleich allen Gerüchen nachlaufen. Das hemmt seine Freude keineswegs, jedes Grasbüschel erzählt ihm Geschichten, und er vermutet Geheimnisse unter jedem Stein.

Unser Weg führt erst über eine Almwiese, dann durch einen Graben voller Geröll, um schließlich auf jenen scheußlich steilen Pfad zu stoßen, der in endlosen, todlangweiligen Zickzack-Kurven zur Ranggen-Hütte hinaufführt. Bis hierher hat sich mein Anführer getreulich an die alte Bergsteigerregel gehalten und ist tatsächlich so langsam gegangen, daß ich ohne große Mühe mithalten konnte. Jetzt aber, da die eigentliche Steigung beginnt, hat sich seine Maschine warmgelaufen und er schiebt den zweiten Gang ein. Mit der Gleichmäßigkeit eines gut geölten Motors setzt er einen Stiefel vor den anderen, bewältigt Schritt um Schritt der schier grenzenlosen Höhe. Bei mir aber löst sich jetzt der Rest meiner Gummisohle und ich spüre schon, wie kleine, scharfkantige Steinchen unter die nassen Wollstrümpfe kriechen. Außerdem ist mein schickes Lederhütchen doch sehr unpraktisch. Es reicht hinten nicht über den Kragen hinaus, und so tropft mir das Wasser in den Nacken. Weil es dort auf die Dauer nicht bleiben kann, sucht es am Rücken entlang nach einem Ausweg. Beklagen kann ich mich darüber nicht, denn Hans hat mir ja einen richtigen Jägerfilz geschenkt, der vor so etwas schützt. Nur sah ich ganz unmöglich darin aus.

Der Weg bäumt sich derart steil in die Höhe, daß ich fürchte, die Balance zu verlieren. Um mein Gleichgewicht

zu halten, nehme ich die Arme zu Hilfe und schwenke sie wie Windmühlenflügel. Dazu muß ich keuchen wie das erste Dampfroß vom Erfinder Stevenson oder wie der Mensch hieß.
»Ist doch was anderes als der Benzingestank in München!« stellt mein Gefährte fest. »Diese gesunde Würze in der Luft, wie das alles lebt und atmet im Bergwald. Genießt du es auch so?«
»Aber natürlich, mein Lieber, ich genieße es sogar sehr.«
Dann aber muß ich ein paar Atemzüge lang innehalten, so sehr hat mich die Antwort erschöpft. Doch meinen Jägersmann hat es gefreut, sich bestätigt zu hören. Entschlossen legt er die dritte Gangart ein und schreitet so munter die herzerweichende Schräge hinauf, als wandle er über eine Kurpromenade und nicht auf dem scheußlichsten Wegstück im Wilden Kaiser.
In München geht er kaum zu Fuß, nicht mal den Hund führt er Gassi und kein einziges Mal kam er mit zum Tennisplatz. Dort bin ich es, die als sportliche Frau gilt. Hier aber hinke ich recht kläglich hinterher und sehe meinen sportgestählten Gatten zügig hinter der nächsten Steilkurve entschwinden.
Ich muß mich hinsetzen, sonst bekomme ich ein Stechen in der Lunge. Hans merkt das gar nicht, er ist so von meiner Leistungsfähigkeit überzeugt, daß er wähnt, sein wakkeres Weib folge ihm unmittelbar auf dem Fuße.
Was für eine Wohltat, so friedlich zu sitzen. Die Moosbank ist so weich wie ein Fauteuil und so feucht wie ein vollgesogener Schwamm. Aber es ist ja gleich, wovon man naß wird. Ich habe sowieso bald keinen trockenen Flecken mehr auf dem Leib.

Leider dauert diese erholsame Pause nicht sehr lange. Hans hat mich schon vermißt (oder war es der Axel?); und ich höre, wie er langen Schrittes zurückeilt. Wie nett, daß er so sehr um mein Wohl besorgt ist. So will ich ihm denn auch eine Freude machen, ziehe mein kleines Glas aus der Tasche und spähe hindurch.

»Bist du schon müde oder hast du was gesehen?«

»Und ob ich was gesehen habe«, schwindle ich drauflos, um meine Ruhepause zu tarnen. »Ein sagenhafter Rehbock war's! Schade, daß du immer so stur bergauf rennst, sonst hättest du ihn auch gesehen.«

Hans ist ganz bestürzt über seine mangelnde Aufmerksamkeit.

»Was war's denn für einer?«

»Du, der hatte ein Gehörn, wie ich es selten gesehen habe. Zwei Handbreit über den Ohren und mit fingerlangen Enden.«

Das hieße nicht *Ohren* sondern *Lauscher*, werde ich belehrt und soll's mir endlich merken. Ich gelobe, mein Waidmannsdeutsch in Zukunft besser zu pflegen.

»Ist der Bock hochflüchtig ab?« kommt mein Mann wieder zur Sache.

»Nein, den Eindruck hatte ich nicht. Er . . . zog ganz vertraut dort den Hang hinauf.«

Hoffentlich hatte ich damit nichts Dummes gesagt!

»Aha, dann will dein Bock zur Ginzen-Alm«, zieht der erfahrene Jäger die Schlußfolgerung aus meiner Angabe, »dort sind jetzt die Schafe weg und er hat Ruhe. Außerdem läßt der Regen nach, und da ziehen sie immer ins Freie.«

»Ja, er wollte bestimmt zur Ginzen-Alm«, gebe ich mich sachkundig, »er machte ganz den Eindruck!«

Nur vor dem Axel muß ich mich schämen. Der Hund weiß nämlich alles, und seine guten Augen sind voller Vorwürfe auf mich gerichtet. Hat er doch keinen Wiff von Rehgeruch in die Nase bekommen. Wenn ich einen Bock gesehen hätte, so müßte er ihn jetzt noch bei dieser Windrichtung riechen.

»Wenn wir ganz behutsam pirschen, dann kommen wir möglicherweise an ihn heran«, hofft Hans. »Aber er kann noch im Wald sein. Am besten ist es, du gehst vor, weil du ja so prima Augen hast. Aber bitte, renn nicht so schnell, sondern schau dich nach jedem dritten Schritt erst mal richtig um.«

Das sind nun Anweisungen, die mir wohl tuen, und ich gebe mir alle Mühe, sie getreulich zu befolgen. Wir bleiben viel öfter stehen als daß wir gehen, der steile Pfad verliert seinen Schrecken.

»So machst du es richtig«, werde ich gelobt, »die guten Böcke werden nämlich nicht erlaufen, sondern nur mit Ruhe und Geduld ersichtet.«

Auf diese Weise dauert es bis zum Mittag, bevor wir die Höhe erreichen und die Wiesen der Ginzen-Alm vor uns liegen. Natürlich ist »mein« Bock nirgendwo zu erblicken, obwohl wir aus guter Deckung jeden Quadratmeter der grasbewachsenen Hänge absuchen. Er kann ja gar nicht da sein, weil ich ihn bloß erfunden habe.

»Bestimmt ist er über den Katzenbuckel gezogen und wird drüben im Bärengraben stehen. Ich nehme an, es ist derselbe, von dem unser Wastl schon so geschwärmt hat.« Und ich bekomme einen heftigen Schlag auf die Schulter. »Du, das wär was, wenn wir den kriegen!«

Der Eifer meines Waidmanns läßt darauf schließen, daß

er den Katzenbuckel im Sturmschritt zu nehmen gedenkt, und der wölbt sich bis in den grauen Himmel empor.

»Vielleicht ist es besser«, schlage ich vor, »daß einer von uns hier sitzen bleibt und den Waldrand im Auge behält. Bei diesen alten Böcken kann man ja nie wissen, wo sie auftauchen.«

Hans denkt nach und nickt, obwohl Axel sehr deutlich seinen Kopf schüttelt.

»Ich glaub schon, daß er im Bärengraben steckt, dort ist es mehr windgeschützt. Aber du mit deinem weiblichen Instinkt hast ja so merkwürdige Ahnungen. Also paß gut auf, bis ich wiederkomme.«

Schon stürmen die beiden den Katzenbuckel hinauf.

Es beginnt nun wieder zu regnen und der Wind wird doch recht bös. Wirklich kein Wetter für das Wild, um auf offenen Flächen zu äsen. Auch nicht sehr angenehm für mich, so allein in einer Mulde zu sitzen, die voller Steine und altem Gestrüpp ist. Kleine Käfer oder Ameisen, die ich nicht zu fassen bekomme, kriechen mir das Bein hoch. Ich bin nun völlig durchnäßt, und wie ich mich auch drehe, immer ist alles spitz und stachlig unter mir. Wie mag ich wohl aussehen? Lieber laß ich den Spiegel stecken. Eine Vogelscheuche würde sich wohl schämen, in meiner Gesellschaft bemerkt zu werden!

Eine halbe Stunde lang und noch mehr zittere ich vor Kälte und bedauere lebhaft, daß ich keinen Briefmarkensammler geheiratet habe. Dann höre ich wieder Schritte.

Gerade noch rechtzeitig fällt mir ein, daß ich ja den Waldrand beobachten sollte. Mein Fernglas ist beschlagen, ich sehe nichts darin als Milchsuppe, habe aber keine Zeit mehr, es abzuwischen. Dafür beuge ich mich vor, starre mit angespannter Haltung ins undurchsichtige Glas, tue ganz so, als würde mich der Waldrand völlig in Anspruch nehmen.

Hans ist schon neben mir, der Hund stellt seine Pfoten auf meine Knie und schnuppert in den Wind.

Aber ich setze das Glas nicht ab.

»Was siehst du denn?« fragt er mich. Weil ich aber nicht immer lügen will, zucke ich nur mit den Schultern.

»Donnerwetter!« sagt er leise, und ich spüre eine hastige Bewegung.

Fast im gleichen Augenblick kracht ein Schuß.

»Er liegt!« stellt mein Mann fest und haut mir auf die Schulter. »Du hast tatsächlich recht gehabt. Eine tolle Sache, dieses weibliche Ahnungsvermögen . . .«

»Wer liegt?« frage ich beklommen, denn er muß sich doch geirrt haben. Ein Baumstumpf hat ihn genarrt oder so was Ähnliches, und darauf hat er geschossen.

»Das wirst du gleich sehen, mein kluges Kind, gehen wir hin.«

Ich lasse ihm den Vortritt, denn was nun folgen muß, wird ja wohl ziemlich schlimm werden.

Mit langen Sprüngen läuft er talwärts und verschwindet im Gestrüpp eines gestürzten Baumes. Mit einem Gesicht, das vor Jägerfreude strahlt, kommt er wieder hervor.

»Besser kann er gar nicht sein! Du hast recht gehabt, . . . zwei Handbreit über die Lauscher.«

Ich brauche ein paar Sekunden, um mich zu fassen, bevor ich ihm pflichtschuldigst mein »Waidmannsheil« darbringe.

»Allerdings«, meint er nun, »du darfst nicht von einem Rehbock sprechen, wenn's doch ein Gamsbock war. In Zukunft müssen deine Meldungen genauer werden. Aber immerhin, du hast ihn entdeckt, und das verdient eine gewisse Anerkennung.«

Wenn sich jemand in den Finger schneidet, muß mein Mann wegschauen, weil er doch kein Blut sehen mag. Aber bei jagdbarem Wild ist das natürlich ganz was anderes. Dem schneidet . . . oder, besser gesagt, dem schärft er die Bauchdecke auf, greift mit beiden Händen tief hinein und wühlt in den blutigen Eingeweiden herum, als sei das seine tägliche Beschäftigung. Mit geübtem Griff holt er alles hervor, was hinaus muß, und teilt die Innereien in solche, die man mit verächtlicher Gebärde wegwirft und in jene anderen, die eßbar sind. Axel ist außer sich vor Begeisterung. Ich muß ihn ganz fest an der Leine halten.

Das Werk ist vollbracht. Hans wischt sich seine schweißverschmierten Hände an einem nassen Grasbüschel ab. Das scheint demselben Mann vollauf zu genügen, der sich sonst gründlich die Hände wäscht, wenn er nur fremde Türklinken angefaßt hat!

»Also, pack dir den Rucksack auf«, teilt er mir meine tragende Rolle zu, »ich nehme die Gams.«

Das würde ich schon schaffen, wenn es gleich bergab ginge. Aber mein Kommandeur besteht darauf, durch den Rißgraben zu steigen, um dort die Salzlecken zu inspizieren.

»Eigentlich sollten wir vorher erst mal was essen«, versuche ich Zeit zu gewinnen, aber auch die Möglichkeit, meine schwere Last zu erleichtern.

Ganz verblüfft schaut er mich an und dann auf die Uhr.

»Daran hab ich gar nicht mehr gedacht. Und dabei wär's doch die beste Gelegenheit, dir mal ein leckeres Lappenmahl zu bereiten.«

»Ein was . . . willst du mir bereiten?«
»Eine Mahlzeit, wie sie die Lappen machen, wenn sie was geschossen haben. Das wollte ich dir immer schon zeigen.«
Was mir bevorsteht, ahne ich noch nicht. Er war ja alleine mit seinem Lappenführer durch die nordische Wildnis gestrolcht. Ich weiß lediglich, daß er von den sechs Jagdhemden, die ich ihm mitgegeben hatte, nur eines gebraucht hat. Und das sprach Bände!
»Wir werden unser Lagerfeuer neben der Vera-Quelle entfachen«, teilt er mit, denn hinterher gibt es einen zünftigen Lappland-Kaffee. Und das geht nun mal nicht ohne Wasser.«
Er drängt geradewegs in das Dickicht hinein, wo es am dichtesten ist. Mit meinem schweren Rucksack auf dem Buckel zwänge ich mich durch das Gewirr umgefallener Bäume, rutsche in den Rißgraben hinunter und krieche wieder über eine glitschige Lehmwand hinauf. Als wir zur Quelle kommen, bin ich völlig ausgepumpt, in meinen zerzausten Haaren hängen bündelweise die Nadeln.
Aber ich muß zugeben, die Vera-Quelle ist wirklich ein romantischer Platz. Sie ist sozusagen unsere persönliche Entdeckung, weil sonst nie jemand in diese wilde und verlassene Gegend kommt. Das Brünnlein sprudelt nur fingerdünn zwischen moosüberwachsenen Steinblöcken hervor und verschwindet dann gleich wieder im Boden. Darüber wölben sich die flechtenbehangenen Äste uralter Lärchenbäume, die der Sturmwind krummgedreht hat.
Erleichtert werfe ich meine Traglast ab und sinke daneben in Ruhestellung. Ich bin viel zu müde, um Hans beim Brennholzsammeln zu helfen. Das wird auch gar nicht verlangt.

»Es ist eine hohe Kunst, bei dieser Nässe ein Feuer zu machen«, versichert mir der Nordlandfahrer, »aber ich hab's von den Lappen gelernt.«
Und tatsächlich, er versteht es. Der beißende Rauch, der uns bald umhüllt, kann in Lappland nicht echter erzeugt werden. Wir husten und die Augen brennen, Tränen rollen mir über das geschwärzte Gesicht.
»Ist doch 'ne pfundige Sache, so ein uriges Feuer!« freut sich mein Waldgeist. »Aber leider verstehen es die meisten Menschen nicht mehr, den Zauber einfachen, unverfälschten Lebens zu genießen.«
Ich lächle ihm dankbar zu und fische mir ein glimmendes Holzstück aus dem Pullover. Zum Glück ist der ja viel zu naß, um zu brennen, nur ein kleiner Sengefleck ist entstanden.
Der gute Hans ist äußerst beschäftigt. Zu Hause wirft er nie einen Blick in die Küche, hier aber trennt er kunstgerecht die besten Filets aus der Gams. Zwei Holzgabeln werden geschnitzt und die Fleischstücke daraufgespießt. Die halten wir nun ins lodernde Feuer und drehen sie langsam herum, damit nichts anbrennt.
»Na, Hausfrau«, werde ich gefragt, »wie gefällt dir das? Doch mal was anderes als das Herumgesitze in einem langweiligen Speisesaal.«
»Ja, es ist ganz was anderes, das muß ich zugeben.«
Er holt Pfeffer und Salz aus dem Rucksack und zwirbelt die Gewürze über das Fleisch. Fettige Tropfen fallen ins Feuer und verzischen. Die Filets beginnen sich zu verfärben, von der Hitze ebenso wie vom Rauch, der sich darin festsetzt.
Dann ist es soweit, die Mahlzeit kann beginnen. Aber wo-

mit? Teller sind nicht da und der Gebrauch von Messer nebst Gabel wird als unlappisch abgelehnt.
»Nimm's doch in die Finger wie ich und beiß herzhaft hinein. Es ist ganz prima.«
So mache ich nach, was Hans mir vormacht. Wir benehmen uns wie die Raubtiere, halten das Fleisch in unseren schmutzigen Krallen und reißen die einzelnen Bissen mit den Zähnen ab. Es schmeckt nach Rauch, nach feuchten Blättern, die daran kleben, und es schmeckt sogar gut.
Mir graut es ein wenig bei dem Gedanken, daß ich soeben um ein paar tausend Jahre der Kultur zurückgefallen bin. Das Höhlenweib eines Neandertalers könnte nicht herzhafter in diese halbgaren Fleischfetzen beißen, als ich es tue. Wie schnell man sich wieder daran gewöhnt.
»Aber das Beste kommt erst!« verspricht mir mein Urmensch und wirft die blutigen Oberschenkelknochen des armen Gamsbocks ins Feuer. Mit dem Handrücken wische ich mir über den Mund, weil ich mein hübsches Taschentuch schonen will.
Die Gamsknochen im Feuer werden erst weiß, dann schwarz und glänzen schließlich im ausrinnenden Fett. Hans nimmt den schwärzesten heraus und stellt ihn senkrecht auf einen Stein. Mit einem Hieb des Jagdmessers trennt er das Ding in zwei gleiche Teile. Die eine Hälfte bekomme ich und verbrenne mir sofort die Pfoten daran. Das Mark in dem Gamsknochen ist braun geworden und wirft Bläschen.
»Hier ist dein Löffel«, unterweist mich mein Neo-Neandertaler in guter Höhlenmenschensitte und reicht mir ein kleines Ästchen, »kratz dir damit das Mark heraus, aber laß nichts runterfallen. Dafür ist der Nachtisch zu schade.«

Ja, es wäre wirklich schade drum. Dieses Knochenmark einer Gams, im offenen Waldfeuer geröstet, mit Ruß geschwärzt und Lärchennadeln garniert, ist tatsächlich eine unerhörte Delikatesse. Wir kratzen und schmatzen, daß es sich wahrhaft kannibalisch anhören muß. Sehr schade, daß eine Gams nur vier große Schenkelknochen hat, um die es sich lohnt.

Während der Kaffeetopf auf seinem schrägen Stock über dem Feuer zu summen beginnt, fällt mir ein, daß ich etwas für mein Äußeres tun muß. Ich hole meinen kleinen Spiegel hervor und . . . erblasse. Das heißt, ich wäre erblaßt, wenn es mir die gräßliche Schicht von Ruß auf meinem Gesicht ermöglicht hätte. Ich will das Zeug abwischen, vergesse aber, daß meine Finger voller Fett sind und schmiere erst recht alles durcheinander. Auch mein Haar ist angeschwärzt. Es hängt in wilden Zotteln herunter, durchsetzt von Laub und waldigen Nadeln. Wie kann eine Dame nur dulden, daß sie in einen solchen Zustand gerät. Und das noch im Angesicht eines Gatten, dem ungepflegte Frauen ein Greuel sind. Natürlich wird er nie zugeben, daß es ja seine Schuld ist.

Als ich aufschaue in tiefster Beschämung, treffen sich unsere Blicke.

»Frauchen, so gefällst du mir«, sagt er, und seine Stimme klingt ganz aufrichtig. »Wenn du so weitermachst, wirst du doch noch eine prima Jägersfrau!«

DES WAIDMANNS KÖCHIN

Als ich seinerzeit dem schmucken Jägersmann auf die Frage aller Fragen mein Ja-Wort gab, ahnte ich nicht, was mir damit alles bevorstand: nämlich als Köchin tätig zu sein, die eines Jägers Beute zubereiten muß.

Überhaupt hatte ich keine Vorstellung, was der lebenslängliche Umgang mit einem Waidmann bedeutet, dessen liebste Freunde wiederum nur Waidmänner sind. In ganz unjägerischen Kreisen aufgewachsen, hatte ich meine dürftigen Kenntnisse des Waidwerks von Ganghofer bezogen. Wie so manches Mädel war ich von »Schloß Hubertus« und dem »Jäger von Fall« begeistert gewesen und schätzte mich glücklich, das Weib eines solchen Jägers zu werden. Es würde herrlich sein, im schicken grünen Kleid mit ihm durch die Berge zu pirschen. Ab und zu dann als Höhepunkt eine zünftige Jagdfeier mit Halali und gelegter Strecke, mit rauchendem Feuer vor der Hütte und einem scharfen Schnaps für die Jagdgehilfen. Was dann mit dem erlegten Wild geschah, darüber hatte ich nie so recht nachgedacht.

»Die Jagd ist der älteste Beruf der Menschheit«, belehrte mich mein Jägersmann, schon bevor ich die Seine wurde, »früher mußten alle Männer Jäger sein, um sich und ihre Familie zu ernähren. Heutzutage ist das nicht mehr nötig, man kann sein Fleisch auch vom Metzger beziehen. Wenn unsereiner trotzdem jagt, so ist das nur zu verantworten, falls man hinterher auch das erlegte Wild seiner natürlichen Bestimmung zuführt, nämlich dem Verzehr durch den Jäger und seinen Anhang.«

Mir ist natürlich völlig klar, daß ihm dieses Prinzip nur

zur Beruhigung des schlechten Gewissens dient. So schluckt er denn bei Tisch die Vorwürfe hinunter, die er sich anständigerweise macht, ein unschuldiges Geschöpf getötet zu haben. Mit jedem Bissen verschwindet ein Gewissensbiß!

Gegen diese Philosophie ließe sich gar manches sagen, auch von mir. Aber als Frau tut man klüger daran, zu schweigen, wenn man bestimmte Grundbegriffe seines Gatten doch nicht ändern kann. Als Köchin jedoch habe ich schon oft protestiert gegen das, was mir da alles herbeigeschleppt wird. Aber vergebens, und so muß ich sehen, wie ich damit fertig werde. Denn ein Kochbuch, worin genau beschrieben wird, wie man einen vergreisten Steinbock oder fettige Murmeltiere zubereitet, habe ich noch nicht gefunden.

Mit drei alten Krähen fing es an, aus denen ich Suppe machen sollte. Irgendwo hatte er gelesen, daß dergleichen köstlich sei. Vor allem durften ja die armen Krähen nicht umsonst gestorben sein.

Bei uns zu Hause waren noch keine Krähen auf den Tisch gekommen. Es hatte daher keinen Zweck, meine Mutter anzurufen. Ich mußte mich schon selber zurechtfinden.

Den ekligen Dingern erst mal die Federn auszurupfen, war schon recht mühsam, auch das Ausnehmen so kleiner Vögel ist gar nicht leicht. Bei Huhn oder Gans geht das schneller, vor allem braucht man es nur einmal zu machen. Schließlich habe ich den Krähen auch noch die Haut abgezogen. Aber hinterher kamen mir Bedenken, ob nicht gar die Haut das beste an diesen mageren Viechern war. Deshalb war es wohl besser, die Haut wenigstens mitzukochen.

ARNOLD

Ich entschloß mich, den Anweisungen meines Kochbuchs unter »Wildsuppe nach Försters Art« zu folgen. Darin wurde zwar nicht von Krähen gesprochen, aber ich meine doch, wenn schon ein waidgerechter Jäger solche Vögel schießt, müssen sie wohl zum jagdbaren Wild gehören und demgemäß fällt ihr fleischlicher Bestand unter den Begriff »Wildpret«. Man solle das Wildfleisch rösten, so hieß es in der Anweisung, und Speckwürfel nebst Zwiebeln dazugeben. Ich tat wie geheißen, füllte mit Wasser auf und ließ das Ganze mit Suppengrün einige Stunden kochen. Unglaublich, wie lange diese winzigen Vögel brauchten, um einigermaßen weich zu werden. Da es nicht an würzigem Beiwerk fehlen sollte, kam noch Salz, Pfeffer, Muskat, Ingwer und etwas Basilika hinzu. Zum Schluß ließ ich das Ganze durch ein grobes Sieb laufen, goß noch etwas Rotwein darüber und schmückte die Suppe, damit sie nach etwas aussah, mit Petersilie und dünnen Apfelsinenscheiben.

Wer einen Feinschmecker zum Gatten hat, dem kann ich nur raten, dieses Rezept zu befolgen, falls einmal Krähen gewünscht werden.

»Es zeigt sich, daß du deine Sache verstehst«, sagte mein Hausherr nach dem Genuß des ersten Löffels. »Man muß eben nur dem Wildpret seinen ureigenen Geschmack lassen und darf keine scharfen Gewürze hinzutun. Auch so eine Krähe spricht für sich selbst ... ich meine in geschmacklicher Hinsicht. Schade, daß nur so wenige Hausfrauen wissen, was ihnen diese unscheinbaren Vögel zu bieten haben.«

Damit hob er sein Glas und trank mir lächelnd zu. Ich trank zurück und gedachte dankbar aber schweigend meiner fünf Gewürze. Ohne sie wären die zähen Vögel sicher nicht genießbar gewesen.

In einem Geschichtsbuch hatte ich einmal gelesen, daß die schöne Kleopatra den großen Cäsar und andere stattliche Männer der Antike mit Reiherbrust zu bewirten pflegte. Aber nie hatte ich gedacht, daß auch mir einmal gesagt würde: »Brat' mir mal einen Reiher!«

Es handelte sich um einen Fischreiher, von denen es bei uns eine Menge gibt, und das gar nicht weit von München. Ein Fischzüchter, den wir kannten, hatte meinen Mann zur Reiherjagd eingeladen. Wie er angab, suchten diese schlanken Räuber seine Teiche heim und ernährten sich sehr unredlich aus den Beständen, die er für menschliche Esser heranzog.

Um sechs Uhr früh war der Jäger von zu Hause fortgefahren und schon gegen neun Uhr stand er strahlend wieder vor mir, einen großen, grauen Vogel in der Hand. Und der sollte, wie er sagte, unser Sonntagsbraten sein.

Eingedenk der geschichtlichen Überlieferung von Kleopatra und dem Lukullus brauchte ich mich diesmal sicher nicht auf Gewürze zu stützen. Ein Reiher war der Wohlgeschmack selber, sonst würden ihn diese Schlemmer nicht so geschätzt haben. Ich ließ also dem Vogel seine Haut und briet ihn nach den Vorschriften, wie sie auch für Wiener Hendl gelten. Ohne Hals, Ständer und Flügel hatte er tatsächlich nur Hühnergröße und paßte in meinen Elektrogrill.

Mein Mann setzte sich früher zu Tisch als sonst, er lächelte dem gegrillten Reiher entgegen, und wir griffen zu. Kaum hatte ich den ersten Bissen des knusprigen Edelvogels im Mund, hätte ich am liebsten gespuckt. Doch so was tut eine

Dame bekanntlich nicht, und ich mußte diesen Anreiz bezwingen. Aber der Ekel würgte mich schon sehr. Der Unglücksvogel hatte nämlich all seine Fischnahrung in reinen Tran verwandelt!

Angstvoll hob ich die Augen zu meinem Mann. Auch wenn ihm sonst alles schmeckt, was seine Büchse streckt, das hier konnte niemand hinunterzwingen.

Sein Blick ging ins Leere, aber seine Zähne mahlten. Hin und wieder schluckte er sogar. Doch war ihm deutlich anzusehen, welche Mühe ihn das kostete.

»Für einen Reiher ganz typisch!« meinte er und legte eine längere Pause ein. »Dieser etwas lebertranige Beigeschmack ist die natürliche Folge seiner Fischnahrung. Man darf diesen Nebengeschmack nicht mißbilligen, denn ohne Tran im Körper wär's ja kein Fischreiher.«

Das mochte wohl stimmen, war aber noch lange kein Grund, dieses Tier eßbar zu finden. Zu meinem Glück klingelte im gleichen Augenblick das Telefon. Während der Hausherr zum Apparat eilte, fand ich Gelegenheit, meinen Teller in den Hundenapf zu leeren. Gern hätte ich auch meinen Mann von der Pflicht befreit, das Trangericht zu bewältigen, aber ich wagte doch nicht, gegen seine Prinzipien zu verstoßen.

»Daß sich die Leute nicht abgewöhnen können, immer um die Mittagszeit anzurufen!« erschien Hans wieder am Tisch. »Schade, daß der Vogel nun kalt geworden ist.«

Der restliche Reiher war gewiß nicht kalt geworden in den zwei Minuten. Auch hätte ich ihn ja wieder aufwärmen können. Aber ich verstand sehr wohl, daß sich hier jemand eine goldene Brücke baute.

»Dann gib's halt dem Axel«, riet ich voll gutmütigen Verstehens, »er war ja bei der Jagd dabei und soll auch nicht leer ausgehen.«

Mein Mann war sehr damit einverstanden, nahm seinen Teller und eilte in die Küche zu unserem Hund. Statt uns aber freudig entgegenzuwedeln, saß das gute Tier vergrämt in seiner Ecke. Vorwurfsvoll schaute Axeli in seinen Freßnapf, worin noch, völlig unberührt, die Reiherbrust lag, die ich ihm gespendet hatte. Nur schwer ließ sich der anklagende Blick des Hundes ertragen. »Was habe ich getan«, schien er zu sagen, »daß mir dieses zugemutet wird?«

Seitdem frage ich mich, was denn die gute Kleopatra für einen Geschmack hatte. Aber vielleicht war das bei ihr eine andere Art von Reiher, oder die damaligen Leute verstanden es, den Trangeschmack loszuwerden. Die hiesigen Fischreiher jedenfalls sind einfach ungenießbar, das weiß sogar ein Hund.

Was nun den ersten Auerhahn betraf, der mir gebracht wurde, so brauchte ich mir keine Sorgen mehr zu machen. Inzwischen hatte ich nämlich den berühmtesten Koch Deutschlands kennengelernt: Alfred Walterspiel. Er war schon mit meinem Schwiegervater befreundet gewesen und hatte diese Freundschaft auf meinen Mann übertragen, was dann auch mir zugute kam. Denn Walterspiel, dem auch das Hotel »Vier Jahreszeiten« in München gehört, huldigt der schönen Sitte, uns hin und wieder in seinem berühmten Restaurant an den eigenen Tisch zu bitten. Das ist nicht nur eine hohe Ehre, sondern jedesmal auch ein Fest des guten Geschmacks. Bei einer solchen Gelegenheit hatte ich ihm von meinen Sorgen um die gerechte Zubereitung von außergewöhnlichem Wildpret erzählt. Sofort hatte mir der hilfsbereite alte Herr erlaubt, ihn gleich anzurufen, wenn ich wieder einmal hilflos vor einem Küchenproblem stand. Also konnte mir nichts mehr passieren.

»Da Ihr lieber Mann ein Jäger ist«, so sagte er mir gleich, als ich wegen des Auerhahns anfragte, »steht zu befürchten, daß es sich bei Ihrem Hahn um ein ausnehmend altes Stück handelt. Denn einen jungen Hahn wird wohl kein Waidmann erlegen, der sich selber achtet. Leider widerspricht aber dieses gutgemeinte Prinzip den Anforderungen einer feinen Küche.«

Ich war ganz seiner Ansicht.

»Infolgedessen kommt alles darauf an, den alten Vogel entsprechend vorzubehandeln«, fuhr der König der Kochkunst fort. »Haben Sie Bleistift und Papier zur Hand?«

Gewissenhaft schrieb ich mit, was nach Ansicht meines Ratgebers alles mit dem Veteranen zu geschehen hatte, bevor erst das eigentliche Braten beginnen sollte. Wenn sich auch meine Feder sträubte, als die dritte Flasche alten Portweins zum Baden des Vogels bestimmt wurde, so wollte ich doch jedes Opfer bringen, um hernach mit meinem »Auerhahn à la Walterspiel« Ehre und Anerkennung zu finden.

Mit dem Rupfen hatte ich diesmal keine Arbeit. Das hatte schon der Präparator besorgt, da ja der sogenannte Balg eines jeden Auerhahns für teures Geld ausgestopft wird, um die Wände zu schmücken. Für meinen Mann sind das Trophäen, meiner Ansicht nach aber Staubfänger. Wir haben inzwischen eine ganze Reihe davon, jede Hausfrau wird mir nachfühlen, was ich daran für Freude habe.

Acht Tage lang mußte der Hahn »abhängen«. Gar nicht so

einfach in einem normalen Eisschrank, der damit für einige Zeit recht beengt wurde. Wie nun die Woche um war, zerlegte ich den nackten und leeren Vogel in seine restlichen Bestandteile. Dann kam sein kostspieliges Bad an die Reihe, das man in einem »irdenen Gefäß« bereiten muß. Guter alter Portwein war sein Badewasser, darauf hatte Alfred Walterspiel ganz besonderen Wert gelegt. Zitronensaft kam hinzu, Zwiebeln, genau zehn Pfefferkörner und zwei Lorbeerblätter. Was mich dabei am meisten verbitterte, war die Tatsache, daß diese Brühe zweimal wöchentlich zu erneuern war. Als unser Portweinvorrat zu Ende ging, nahm ich alten Sherry. Ich wagte gar nicht, meinem Mann zu sagen, welche Mengen edler Getränke das Bad dieses Waldvogels verschlang. Es mußte ja sein.

Schließlich kam der große Augenblick, da ich mit einladendem Lächeln das teure Gericht auftragen konnte. Wir hatten niemanden dazu eingeladen, weil wir uns ganz allein daran erfreuen wollten.

Und es war auch eine Freude zu sehen, wie gut es meinem Mann schmeckte. Ich bekam alle Komplimente zu hören, die sich eine ehrsame Hausfrau nur wünschen kann. Sie waren, das muß ich selber sagen, wohlverdient. Auch muß ich zugeben, daß sich selbst ein alter Auerhahn zu einem piekfeinen Gericht verarbeiten läßt. Man muß eben nur einen Fürsten der Feinschmecker zum Ratgeber haben.

»Nach einem solch delikaten Mahl«, sagte mir mein Mann zum Schluß, »ist es bei Genießern von Rang üblich, ein Glas alten Portwein zu trinken.«

Schon wollte ich mich als gehorsames Weib erheben, um den Port zu holen, da fiel mir ein, daß ja keiner mehr da war.

»Na ja, zur Not tut's auch ein Sherry«, erklärte mein Waidmann bescheiden, weil ihn das erlesene Gericht milde gestimmt hatte.
»Es tut mir leid, mein Lieber«, mußte ich bekennen, »aber Sherry ist auch keiner mehr da.«
Er sah mich fragend an, und ich fühlte sein aufkeimendes Mißtrauen.
»Sag mal, Kind, wie ist denn das möglich? Da war doch noch . . .« Er unterbrach sich und faßte mich schärfer ins Auge: »Hast du etwa die Angewohnheit . . . ich meine, wenn du allein bist, greifst du da heimlich zur Flasche?«
Das war zuviel. Mich derart zu verdächtigen, ich war einfach wütend!
»Ich habe nie zur Flasche gegriffen, weder heimlich noch unheimlich!« rief ich mit zorniger Würde. »Aber dein Auerhahn, der hat solche Ansprüche gestellt und hat alles verbraucht.«
Damit stand ich auf und holte das Rezept, nach dem ich buchstabengetreu gehandelt hatte.
Ohne sich zunächst bei mir zu entschuldigen, wozu er wahrlich allen Grund gehabt hätte, nahm er mir das Blatt ab, zückte seinen Tintenkuli und begann zu rechnen.
»Weißt du«, fragte er schließlich, »was uns dieses Essen gekostet hat?«
Ich tat so, als ob ich es mir nicht denken konnte.
»Achtundfünfzig Mark, mein Liebling, ohne die übrigen Zutaten! Achtundfünfzig hartverdiente Mark hat allein sein Badewasser verschlungen. So geht das nicht, mein Kind, du mußt schon billiger kochen . . . sehr viel billiger!«
Ich war einfach sprachlos, weil ich zu viel zu sagen hatte, um es gleichzeitig zu äußern.

Seitdem mache ich es aber wirklich billiger. Ich bade die Auerhähne kurz entschlossen in frischer Buttermilch, und siehe da, es genügt vollkommen. Besonders urige Althähne drehe ich nach dem Braten durch den Wolf, zusammen mit etwas gebratenem Kalbfleisch, Speck und Champignon. Mit einigen phantasievollen Gewürzen, Preiselbeeren und Worcestersauce mache ich daraus eine Pastete, die dann, in Blätterteig eingepackt, nochmals kurz gebakken wird. Das ist ein wunderschönes Gericht und entzückt auch die verwöhntesten Gäste.

Was mir jedoch mit einem Spielhahn passierte, das ist kaum zu glauben. Dennoch möchte ich es berichten, weil andere Jägersfrauen daraus lernen können, auf was man heutzutage alles gefaßt sein muß, wenn man anderen Frauen vertraut.

Gleich nach der Spielhahnbalz mußten wir auf zwei Wochen verreisen. So übergab ich den letzten kleinen Hahn des Jahres, beziehungsweise seine fleischlichen Überreste einer Flüchtlingsfrau, die während unserer Abwesenheit Hund und Haus betreute. Nach meinem Buttermilchrezept beschrieb ich ihr haargenau, wie das Wechselbad des Vogels zu bereiten sei, nachdem er zuvor ein paar Tage auf Eis gelegen hatte.

Die gute Frau versicherte, genau Bescheid zu wissen, und das glaubte ich ihr auch.

Wer jedoch beschreibt mein Entsetzen, als mir zwei Wochen später beim Öffnen des Kühlschrankes ein Pesthauch entgegenschlug, der mich beinahe umwarf. Er stieg aus der Terrine auf, worin der Spielhahn lag.

»Ja, ich hab mich auch schon gewundert«, gab mir Frau Kubischek zu, »wie merkwürdig das riecht. Aber ich dachte,

das muß so sein, denn ich hab ja alles genauso gemacht, wie Sie's angeordnet haben.«
Jawohl, das stimmte auch, sie hatte genau das getan, was ich ihr gesagt hatte. Mehr aber nicht. Und so war der Spielhahn nicht ausgenommen worden! Dabei ist Frau Kubischek keineswegs eine blutige Anfängerin der Hauswirtschaft, sondern erfahrene Landfrau. Sie hatte daheim im Banat selber einen kleinen Hof und mußte doch wissen, wie man das Federvieh für den Kochtopf vorbereitet. Aber irgendwie hatte sie der Unterschied zwischen einem zahmen Haushahn und diesem »wilden« Spielhahn aus dem seelischen Gleichgewicht gebracht. Es kam ihr gar nicht in den Sinn, daß unser seltsamer Vogel gleichfalls zum Geflügel gehört und daher als erstes von seinen Eingeweiden befreit werden mußte. Meinerseits hatte ich wirklich nicht gedacht, daß es an mir war, einer Bauersfrau erst zu sagen, daß sie den Hahn ausnehmen müsse.
Mein Mann war bitterböse, denn mit dem Vogel war wirklich nichts mehr anzufangen. Man konnte ihn nur schleunigst zur Mülltonne bringen und hoffen, daß niemand im Hause merkte, von wem das Stinktier stammte. Alle meine Erklärungen fanden taube Ohren, und ich glaube, Hans ist heute noch fest davon überzeugt, daß diese Katastrophe einzig und allein meine Schuld war. Ich hätte eben doch der Frau Kubischek »richtig« Bescheid sagen sollen.
Im Laufe der Zeit habe ich auf dem Gebiet der Wildküche gar manches dazugelernt. So wie jeder Frau, die einen schwierigen Mann zu füttern hat, kam auch mir sehr bald die trostreiche Erkenntnis, daß unsere Herren sich ganz gut von ihrer Einbildung ernähren lassen, wenn man diese

nur richtig zu erwecken versteht. Ein Stück Rindsfilet, das man kräftig mit irgendwelchen unüblichen Gewürzen beizt, wird gerne als Hirschbraten verzehrt, und eine Schneehahn-Pastete läßt sich leicht aus gewöhnlichem Hühnerfleisch herstellen, setzt man ihr nur etwas Ingwer, Wacholder und abgeriebene Apfelsinenschale zu. Unsereins muß sich eben zu helfen wissen.

Aber einmal wagte ich es doch nicht, meine Zuflucht zu solch unehrlichen Manipulationen zu nehmen. Das war, als mein Jäger aus dem Wildreservat des Gran Paradiso zurückkehrte und einen Steinbock mitbrachte. Weil nun diese Tiere an sich unter strengem Naturschutz stehen, darf nur ganz ausnahmsweise mal eines geschossen werden. Und zwar wird ein Steinbock nur dann zur Jagd freigegeben, wenn er so alt geworden ist, daß er nach Ansicht der Wildhüter den nächsten Winter nicht mehr überlebt. So einer also war es, den mein Mann mitbrachte. Er konnte sich vor Freude über die mächtigen Hörner seiner Beute gar nicht fassen.

»Das kapitalste Stück im ganzen Revier«, verriet er mir in jenem Ton des hemmungslosen Stolzes, wie er allen Jägern eigen ist, »seit langem hat kein Steinbock mehr dieses Alter erreicht, man schätzt ihn auf mindestens neunzehn Jahre.«

Ich bewunderte das wirklich enorme Gehörn, wagte hernach aber doch die Bemerkung, daß sich ein so alter und zäher Herr bestimmt nicht zur Verwertung in einer Küche eigne.

»Im Gegenteil, Liebling, ganz im Gegenteil«, wurde mir versichert, »so ein Steinbock ist in jedem Alter eine großartige Delikatesse. Früher haben sich Könige und Kardinäle darum gerissen! Das wird eine ganz große kulinarische Sensation, wenn wir unsere Freunde zu einem Steinbock-Essen einladen!«

Ich dachte gleich darüber nach, wie ich wohl einen Rehrücken pfeffern und würzen könnte, damit er als Steinbockgericht in die Geschichte unserer Gastlichkeit eingehen könnte. Da aber begann mein Mann die Gäste aufzuzählen, die er für würdig genug erachtete, an diesem ganz außergewöhnlichen Mahl teilzuhaben.

»Da wäre zunächst Professor Krieg von der Zoologischen Staatssammlung mit seinem Vertreter Haltenorth, der schon so manche Arbeit über Steinböcke geschrieben hat. Auch die vier verschiedenen Hecks aus der Zoo-Dynastie haben ihre Erfahrungen mit Steinböcken gemacht, und der eine oder andere von ihnen kommt gewiß.«

Er nannte auch noch jenen Tierarzt, der in München den Zoo betreut, den Professor Tratz vom »Haus der Natur« in Salzburg und weitere Spezialisten aus dem einschlägigen Fach.

Mir sank das Herz, denn Gästen von so hohem zoologischen Rang konnte ich bestimmt nicht mit einer küchentechnischen Fälschung aufwarten. Sie mußten ja schon aus der Faserung des Wildprets sogleich erkennen, was sie in Wahrheit vor sich hatten. Hier blieb mir nichts anderes übrig, als ehrlich zu sein, der Urgroßvater aus dem Gran Paradiso mußte persönlich auf den Teller!

Ich brachte das schon leicht anrüchige Tier zu unserem Metzger, der sich kopfschüttelnd daran machte, seine vermutlich besten Teile auszulösen.

»Muß es denn wirklich sein, gnädige Frau?«, beschwor er mich. »Ich meine es doch wirklich gut mit Ihnen. Ihre

Gäste werden sich erst die Zähne ausbeißen und dann ersticken.«
»Es muß sein«, sagte ich dem wohlmeinenden Warner, »ich kann nicht anders, komme, was da kommen mag!«
Drei Tage ließ ich das zähe, hartfasrige Wildfleisch wässern, denn zu allem Überfluß war ja der Senior aller Steinböcke noch in der Brunft geschossen worden und bezeugte das durch den entsprechenden Duft.
Anschließend kam er in das so bewährte Buttermilchbad und zum Schluß noch ein paar Tage lang in eine Beize aus Rotwein, dem ich etwas Essig und die üblichen Gewürze, nämlich Pfeffer, Lorbeer, Wacholder, Nelken und Piment zusetzte.
Mein Mann hatte »ohne Damen« eingeladen, zu einem Herren-Essen sozusagen, damit ja kein einziger Steinbock-Bissen an weibliche Wesen verschwendet würde, die einen so seltenen Genuß nicht zu schätzen wußten. Nur mich als Hausfrau konnte man nicht ausschalten.
Bis zur letzten Stunde hoffte ich, daß eine Massenepidemie unter den Münchener Zoologen ausbrechen würde und sie alle absagen mußten. Aber jeder einzelne von ihnen erfreute sich bester Gesundheit, und niemand war durch eine Konferenz behindert.
So half also nichts mehr, der Bock mußte ins Bratrohr. Um sicher zu gehen, fing ich schon gegen zwei Uhr mit der Braterei an, da ich ja keinerlei Erfahrung hatte, wie lange dies knochenharte Wildpret wohl brauchen würde, um einigermaßen weich zu werden. Mit einer Hingabe, die gewiß einer besseren Sache wert war, begoß ich den Braten immer wieder mit Rotwein, Sahne und ausgelassener Butter. Es erschien mir fast wie ein Wunder, als es nach drei-

einhalb Stunden möglich war, die Gabel mit leichtem Druck ins Fleisch zu stechen. Nur der Brunftgeruch wollte sich nicht verflüchten und erschien mir störend.
Sie taten mir von Herzen leid, die freundlichen, wohlwollenden Herren, wie sie einer nach dem anderen kamen und sich im voraus für den ungewöhnlichen Genuß bedankten, der ihnen bevorstand. Ich nahm ihre Blumen in Empfang, errötete unter ihren Komplimenten und hoffte, daß mein Gasherd explodieren würde.
Bleich, aber gefaßt bat ich fünf Minuten später zu Tisch. Viel zu willig folgten unsere Gäste der Aufforderung. Ein munteres Tischgespräch kam sofort in Gang, das sich naturgemäß einzig und allein um Steinböcke drehte.
Die Suppe hatte ich sehr pikant gewürzt, um die Geschmacksnerven der Gäste zu betäuben. Dann gab es noch Fisch mit reichlich Mayonnaise, damit sie nachher keinen Hunger mehr hatten. Aber die meisten Herren nahmen hiervon nur kleine Stückchen.
»Ich will mir den Appetit für Ihren Steinbock aufsparen«, verriet mir mein Tischherr, »auf den bin ich ja schon seit Tagen gespannt.«
Und dann war es soweit! Der gespickte Steinbock, tranchiert und garniert, erschien auf der Bildfläche. Sofort füllte sich das ganze Eßzimmer mit seinem ekligen Brunftgeruch.
»Unverkennbar«, lächelte Professor Mattenklodt und hob schnuppernd seine außergewöhnlich profilierte Nase, »das ist ein Steinbock in seiner besten Zeit!«
Die Herren bedienten sich von der gereichten Platte, manche nahmen gleich zwei Scheiben auf einmal. Mein Mann trank ihnen das Waidmannsheil zu, mit der linken Hand

natürlich, wie das bei Jägern so Vorschrift ist. Warum, das weiß kein Mensch.
Während ich kaum noch wagte, Luft zu holen, schoben die Gäste entschlossen die ersten Bissen in den Mund. Ich ließ es bei den Spätzle mit Preiselbeeren bewenden und wartete ab, was geschehen würde.
Zunächst kaute ein jeder still vor sich hin, der eine mit geschlossenen Augen, der andere mit knirschenden Zähnen.
Dann aber legte Professor Mattenklodt Messer und Gabel nieder. Erst blickte er meinem Mann, dann mir voll ins Gesicht und ergriff, als ihm das Hinunterschlucken geglückt war, schließlich das Wort für alle übrigen.
»Dem stolzen Waidmann, dem dieses edle Wild vergönnt war«, sagte er mit einem warmen Blick zum Hausherrn, »und der charmanten Gattin, die das seltene Wildpret auf so delikate Art zu bereiten wußte«, sagte er mit gewinnendem Lächeln zu mir, »gebührt unser gemeinsamer Dank und die vollste Anerkennung.«
Damit hob er sein Glas, forderte die anderen Tischgenossen auf, ein gleiches zu tun, und trank mit einer so artigen Verbeugung mir zu, wie sie eben nur ein Kavalier der ganz alten Schule fertigbringt.
Ich weiß nicht mehr, was ich erwiderte, ich weiß auch nicht mehr, wie das Essen weiterging. Jedenfalls wurde die Steinbockplatte beim zweiten Rundgang völlig geleert. Es blieb von dem alten und zähen Stinker nicht ein Schnipselchen mehr übrig. Und beim Fortgehen versicherte mir jeder einzelne von diesen liebenswerten Gästen, daß er sich zeitlebens dieses köstlichen Steinbockmahls in Dankbarkeit erinnern würde.

C. ARNOLD

Auch ich werde diesen Steinbock nie vergessen. Denn ich habe von ihm gelernt, daß man einer gewissen Art von Männern einfach alles vorsetzen kann, wenn es nur ihre Phantasie beflügelt.

Als mein Mann von seiner ersten Jagdreise aus einer besonders wildromantischen Gegend in Norwegen zurückkam, fuhr er zunächst bei unserem Metzger vorbei, um erst hernach seine vereinsamte Frau in die Arme zu schließen. Wie ich dann hörte, daß er einen Elchrücken mitgebracht hatte, den ich zu unserem Hochzeitstag den liebsten Freunden vorsetzen sollte, konnte ich mir schon denken, daß er nicht mehr ganz frisch war. Der Elchrücken nämlich.

»Aber wie kommst du denn darauf?« wies er meinen Verdacht weit von sich. »Es ist nur so ein großes Stück und ich wollte deinen Eisschrank nicht unnütz belasten.«

Eine solche Rücksicht war mir neu und schien nicht ganz glaubhaft. Aber ich ließ es dabei bewenden, außerdem hatte ich zu unserem Metzger großes Vertrauen. Er würde schon machen, was noch möglich war.

Tatsächlich schien das Fleisch auch ganz in Ordnung, als ich es abholte. Mein Freund, der hilfreiche Metzger, war nicht da, eines von seinen Mädchen übergab mir das Wildpret.

Weil der Elch doch so etwas Ähnliches ist wie ein Hirsch, nur größer von Gestalt und gröber im Wildpret, habe ich den Braten so zubereitet, wie es mein Kochbuch für den edlen Rothirsch vorschreibt. Tatsächlich geriet auch alles zum besten. Unsere Freunde, von denen die meisten natürlich Jäger waren, lobten den typischen Wildgeschmack unseres Elches gar sehr und langten auch gerne beim zweiten Male noch zu. Auch mein Hans, in seiner kameradschaftlichen Art, spendete mir Lob und beglückwünschte sich ganz öffentlich dazu, mich am gleichen Tage vor drei Jahren geheiratet zu haben. Mehr kann unsereins an seinem Hochzeitstag wohl kaum verlangen.

Am nächsten Tag beim Einkauf bedankte ich mich bei unserem Metzger für die Aufbewahrung des Elches und fragte ihn, was er denn unternommen habe, um das gewiß nicht mehr so frische Wildpret wieder genießbar zu machen.

»Nein, gnädige Frau, das ging wirklich nicht mehr«, verriet mir der gutherzige Mensch, »das übelriechende Zeug, was mir Ihr Gatte da in einem alten Postsack gebracht hatte, mußte ich schleunigst wegtun.«

Er hatte sicher recht gehabt mit seinem Entschluß.

»Aber ...« fragte ich ihn, »woher haben Sie dann so schnell frisches Elchfleisch bekommen?«

Da beugte sich der Mann vor und sagte mit gedämpfter Stimme.

»War ja auch kein Elch, gnädige Frau, sondern Pferdefleisch.« — — —

Nur einmal habe ich mich ganz entschieden geweigert, den kulinarischen Wünschen meines Mannes zu entsprechen. Und zwar, wie man zum Schluß sehen wird, mit gutem Grund. Aber lassen Sie mich der Reihe nach erzählen.

Zu unseren waidmännischen Freunden gehört auch der Dr. Kurt Lindner in Bamberg. Was ihn vor so vielen anderen Jägern auszeichnet, ist sein besonders interessantes Hobby. Er jagt nämlich nicht nur in Wald, Feld und Berg, sondern auch in verstaubten Archiven. Dort pirscht er nach uralten Jagdgeschichten, und was er da aus vergangenen

Jahrhunderten an interessanten Dingen aufstöbert, das stellt er in hübschen Büchern zusammen. Er hat auch schon meinen Mann mit seiner Passion für die Geschichte der Jagd angesteckt. (Männer sind ja so leicht anzustecken, wenn es um ein männliches Hobby geht.) Und so werden diese Bücher trotz ihrer fast unverständlichen mittelalterlichen Sprache von meinem Hans sehr eifrig gelesen.

So fand ich denn eines Morgens, als ich von Besorgungen aus Kitzbühel ins Jagdhaus zurückkehrte, auf dem Küchentisch einen abgebalgten Fuchs, der gräßlich anzusehen war. Daneben lag eines der Bücher von Dr. Lindner. Es war aufgeschlagen und eine Stelle dick mit Rotstift umrandet, die also lautete:

»Wie man den fuchs ässen sol.

Nimb eine päts prot vnnd schneidt es zw clainen pisslein vnnd resst es in ainem schmalcz vnnd nimb darzue hönig . . .«

Entsetzt klappte ich das Buch zu. Mein Mann war selber nicht da, aber es war ja wohl hinreichend klar, was er wünschte.

Das ging entschieden zu weit. Hier war die Grenze des Möglichen erreicht, und ich trat in den Streik.

In unserem Revier, das stark unter Füchsen leidet, werden vom Revierförster in jedem Winter zehn bis zwölf Füchse im Schwanenhals gefangen. Der Mann erhält dafür eine besondere Belohnung. Ließ ich mich auch nur einmal bereden, Fuchs auf den Tisch zu bringen, so würde gewiß immer wieder Fuchsbraten verlangt.

So entschlossen brachte ich meine Weigerung vor, daß mein Mann schließlich verzichtete. Allerdings nicht, ohne mir wortreich zu bedeuten, was für ein Opfer er damit meinem Starrsinn bringe. Denn die Gelegenheit, ein Rezept aus dem 15. Jahrhundert auszuprobieren, sei doch einzigartig. Ich hatte ihn stark in Verdacht, daß er sich selber daranmachen würde, sobald er mal für einen Tag allein war.

Dazu aber kam es nicht. Denn bald darauf erhielten wir den Besuch Dr. Lindners, und sehr schnell kam unser Gespräch auf das mittelalterliche Rezept. Bitter beklagte sich Hans, daß es ihm bisher nicht vergönnt war, einen Fuchsbraten nach dieser vierhundertjährigen Anweisung zu verzehren, wobei mich sein vorwurfsvoller Blick traf!

Unser Freund schien nicht zu wissen, wovon gesprochen wurde. Er habe doch in keinem seiner Bücher das Rezept für die Zubereitung eines Fuchses wiedergegeben, versicherte er. Seines Wissens seien auch früher die Füchse niemals gegessen worden.

Mein Mann holte das Buch und zeigte ihm darin die Stelle mit dem Rezept. Darüber stand ja nun wirklich ganz klar: »Wie man die fuchs ässen sol.«

Dr. Lindner brach in ein herzhaftes Gelächter aus.

»Danken Sie Ihrer klugen Gattin für die Weigerung, Ihnen danach einen Fuchs zu braten!« rief er zu meiner nicht geringen Freude. »Das hier ist doch nur eine alte Anweisung, wie man einen gefangenen Fuchs ernähren soll. Sie dürfen die alte Form ›ässen‹ beileibe nicht mit ›essen‹ übersetzen, sondern mit ›äsen‹, was hier ›füttern‹ bedeutet. In diesem Rezept geht es tatsächlich nur darum, was man einem Fuchs zu fressen gibt, damit er zahm wird!«

An sich gehört es sich ja nicht, daß eine Dame einem Herrn zutrinkt, aber in diesem Falle hielt ich das doch für angebracht.

DES JÄGERS SPIELWAREN

Jede vernünftige Frau weiß, daß im Manne ein Kind steckt, und dieses lebenslängliche Kind will spielen. Wer das nicht begreift von uns Frauen, kann meines Erachtens keine glückliche Ehe führen. Denn dieser Spieltrieb läßt sich nicht unterdrücken, ja man darf ihn nicht einmal belächeln und schon gar nicht beim rechten Namen nennen. Weil die Männer ja dabei so tun, als würde es sich um ernste Anliegen handeln; und sie wissen das auch mit weitschweifigen Ausführungen zu begründen. Der eine sammelt Briefmarken und behauptet, das sei Kapitalbildung für den Notfall, obwohl es ohne Not nur viel Geld kostet. Der andere baut Modellschiffchen und beruft sich dabei auf sein technisches Wissen. Dieser züchtet exotische Fische und hält sich für einen bahnbrechenden Forscher der Ichthyologie, jener spielt in seinem Garten und »geht dabei völlig neue Wege« der Tomatenzucht. Es gibt Männer mit Käfer-Tick und solche mit dem Krawatten-Spleen. Man kennt fanatische Hundeerzieher, passionierte Fotografen, leidenschaftliche Kletterer, begeisterte Münzensammler und hundert andere Varianten mehr. Die Möglichkeiten des männlichen Spieltriebes sind scheinbar unerschöpflich. Hindern wir sie nicht daran, meine Damen, bremsen wir nur ein wenig, falls es die Männer zu toll treiben und über ihren Hobbys die eigentlichen Pflichten vernachlässigen. Eigentlich ist es für eine Frau doch sehr beruhigend, wenn ihr Mann so ein Spielchen hat, das ihn durch und durch interessiert. Da kommt er nämlich nicht auf andere dumme Gedanken, die weniger harmlos sind und noch mehr Geld kosten. Briefmarken, Münzen, Fische und

Kakteen sind weniger gefährlich als blondes Gift oder scharfe Schnäpse. Seien wir also vernünftig und lächeln sanft zu seinem Hobby, auch wenn es uns manchmal schwerfällt.

Dieses Lächeln ist auch mir schon oft schwergefallen. Denn so ein Jäger ist von allen männlichen Kindern das verspielteste Kind. Natürlich darf man so etwas nur unter Frauen behaupten und seinem Waidmann beileibe nicht hören lassen. Denn gerade die Jäger halten sich ja für die allermännlichste Ausgabe ihres Geschlechts und behaupten von sich, daß sie am urwüchsigsten die Tradition unserer ältesten Vorfahren vertreten, die ja allesamt Jäger waren. Daher ist auch ihre Ausdrucksweise so derb. Sie trotzen jeder Witterung und sind auf der Jagd bereit, ein primitives Leben zu führen. Wenn man sie so hört, dann haben die Jäger geradezu eine Mission zu erfüllen und müssen eine Unmenge von ethischen Werten retten. Aber wir Frauen lassen uns nicht täuschen. Es sind ja im Grunde doch nur Buben, die auch im reifen Alter noch ihre jungenhafte Lust am Indianerspiel haben. Dagegen wäre auch vom fraulichen Standpunkt aus gar nichts einzuwenden, würde nur ihr Spielzeug nicht so teuer sein.

Auch mir ist klar, daß der Jäger ein Gewehr haben muß. Aber was ich nicht verstehen kann, sind all die neuen Gewehre, die im Laufe der Zeit dazukommen. Als ich meinen Jäger kennenlernte, besaß er ein Feuerrohr, von dem ich gleich erfuhr, daß es geradezu ideal sei. Er liebte es so sehr und streichelte es so oft, daß ich fast eifersüchtig darauf wurde. Inzwischen habe ich gelernt, daß man so etwas eine Bockbüchsflinte vom Typ der »Savage« nennt. Das Gewehr hat zwei Läufe, einen vom Kaliber 5,6 Millimeter für sogenannte Kugelpatronen (die aber gar nicht kugelig sind, sondern länglich), und einen zweiten Lauf für Schrotpatronen. Damit kann man, so sagte Hans zu Anfang, einfach alles schießen. Wirklich war das Ding ganz großartig, mein Mann traf damit jede Gams und jeden Rehbock, der fallen sollte. Auch für den Großen Hahn, worunter ein Auerhahn zu verstehen ist, und für den Kleinen Hahn, was ein Spielhahn ist, ließ sich eine bessere Waffe nicht denken.

Aber kaum war ein Jahr vergangen, da schien es doch nicht mehr ganz das richtige zu sein. Statt mir eine Waschmaschine zu schenken, bedachte sich mein Jäger mit einem »Mannlicher« vom Kaliber 7,64. Das sollte nun die Waffe seines Lebens sein. Auch ich ließ mich überzeugen, daß eine Kugel von 5,6 Millimeter vielleicht doch für stärkeres Wild, wie etwa Hirsch oder Wildsau, zu schwach sein könnte. Besonders als er mir sagte, ein Tier könne bei schwächerer Kugel unnötig leiden, erschien mir die Anschaffung des »Mannlicher« eine absolute Notwendigkeit. Leider hielt aber die Treue zu diesem Stück auch nicht lange vor. Als wir eine unerwartete Sondereinnahme hatten und er mir verheißungsvoll sagte, daß *wir uns* nun etwas Hübsches leisten könnten, dachte ich an alles mögliche, nur nicht an ein drittes Gewehr. Aber diese dritte Büchse kam und war eine »Mauser« vom Kaliber 9,3 Millimeter, also noch stärker als der »Mannlicher« und für den Fall gedacht, daß mein Waidmann gelegentlich auf einen Superhirsch, Elch – oder ich weiß nicht was – zu Schuß kommen sollte. Ich kann mich nicht mehr genau entsinnen, mit was für Argumenten es ihm gelungen ist, mich von der Dringlichkeit dieses Kaufes zu überzeugen. Aber

ich fand mich damit ab, weil mir ja auch gar nichts anderes übrigblieb.
Genauso dringend wie absolut notwendig war dann im Laufe der Zeit noch der Erwerb einer Doppelflinte, die für Fasanen, Hasen und Enten gedacht war, sowie eines Kleinkalibergewehrs mit allen Finessen. Bei dieser Anschaffung hatte er noch die Stirn zu behaupten, sie geschehe aus Gründen der Sparsamkeit! Denn so ein Jäger muß ja seine Schießkünste ständig in Übung halten, was sehr viel Geld für Patronen kostet, wenn dazu ein »gewöhnliches« Gewehr benützt wird. Für Kleinkaliber aber kostet die Munition nicht gar so viel. Das mußte ich doch einsehen!
Und ich sah es auch ein, ja ich muß sogar zugeben, daß ich selber an dieser schönen, leichten Büchse Freude hatte und Geschmack am Schießsport fand. Wir feuerten um die Wette auf Eierschalen, Konservenbüchsen und Bierdeckel. Dabei stellte sich heraus, daß ich treffen konnte, und demzufolge stieg ich ganz erheblich in meines Gatten Achtung. Er brachte mich dazu, beim Schützenfest von Kirchdorf mitzuwirken, wobei ich zu meiner Überraschung »Damenbeste« wurde. Ein silberner Maria-Theresia-Thaler war mein Lohn, und Hans konnte sich vor Stolz auf sein tüchtiges Flintenweib gar nicht fassen.

Das gab ihm aber auch Mut, einem weiteren Waffenkauf näherzutreten. Doch diesmal erhob ich Protest, weil wirklich nicht einzusehen war, weshalb diese sechste Büchse unbedingt her mußte. Es ging nämlich um eine »Original vom Hofe« in der Größenordnung von 7×66. Als Tochter eines Mathematikers vermochte ich nicht und vermag ich noch immer nicht einzusehen, warum auch dieses Schießeisen so nötig war. Er hatte ja schon die »Mannlicher« mit einem Kaliber von 7×64, wozu also noch die »vom Hofe« mit 7×66? Das war doch sage und schreibe nur ein Unterschied von zwei Millimetern. Und für zwei Millimeter all das viele, gute Geld! Ich bin sicher, daß jede Frau, der im Haushalt noch so vieles Notwendige fehlt, meine Entrüstung verstehen kann. Aber versuchen Sie es mal, mit einem Jäger vernünftig zu reden! Das geht einfach nicht, und so ist es wohl überflüssig, zu erwähnen, daß all meine Proteste vergeblich waren. Auch die »vom Hofe« wurde dem Gewehr-Park meines Jägers einverleibt.

Zu jedem guten Gewehr gehört natürlich auch ein gutes Zielfernrohr, besonders wenn man ein Jagdrevier im Hochgebirge hat. (Das sei wieder mal eine maßlose Übertreibung von mir, sagt er jetzt, denn für seine Schrotflinte hat er kein Zielfernrohr. Aber das ist auch das einzige.) Ich kann ja nicht verstehen, warum *jedes* Gewehr so ein teures Zielfernrohr haben muß und nicht eines für alle Büchsen genügt. Aber aus irgendwelchen technischen Gründen geht das eben nicht. Im übrigen versteht es sich von selbst, daß kein Gewehr ohne Lederfutteral auskommen kann, und jedes Zielfernrohr seine Lederbüchse haben muß. Ein ordentlicher Mann schont eben seine guten Sachen, worüber sich unsereins nur freuen kann!

Und weil es doch so liederlich aussieht, wenn die Gewehre in den Ecken herumstehen, wurde mir klargemacht, daß zu der kostspieligen Sammlung von Feuerbüchsen auch ein Gewehrschrank gehört. Diesem Wunsch zur Ordnung wollte ich nicht widersprechen, obwohl mir ein neuer Eisschrank dringlicher erschien.

Wer aber glaubt, einer der üblichen Gewehrschränke, wie es solche fix und fertig zu kaufen gibt, wäre wohl am praktischsten, der kennt den Jäger noch lange nicht! Unser Gewehrschrank wurde nach des Waidmanns eigenen Plänen gearbeitet, genau nach Maß, ungewöhnlich breit und schwer. Wenn ich an die Kosten denke, so muß ich mir noch heute auf die Lippen beißen, um nicht zu sagen, was ich eigentlich sagen möchte. Dafür ist das Innere dieses Möbels auch mit indirekter Beleuchtung versehen, und wenn man auf einen verborgenen Knopf drückt, dann fällt schimmerndes Licht auf die »brünierten« Läufe der Donnerbüchsen. Das geschieht immer, wenn wir Jäger zu Gast haben, und die sind dann stumm vor Staunen und Bewunderung. Sie sagen, das sei ein herrlicher Anblick, und loben die Schönheit der ausgestellten Objekte. Ich schweige dazu und kann mir was Schöneres denken. Eine praktische Einbauküche zum Beispiel oder vielleicht ein kleines Schmuckstück für die duldende Gattin. Außerdem trauere ich dem ehrwürdigen Schrank aus Südtirol nach, der vorher in dieser Ecke stand. Er mußte dem klobigen Waffenbehälter weichen und wurde in eine Abstellkammer verbannt.

Von Anfang an konnte ich ein gewisses Mißtrauen gegen den Gewehrschrank nicht loswerden. Darin war nämlich noch Platz. Ganz in der Mitte hatte der Tischlermeister auf Wunsch des Auftraggebers eine Kerbe in der Halterung ausgespart, die mir absonderlich vorkam. Die war nämlich so breit wie meine Hand, und ich konnte mir gar nicht denken, was da hineinpassen sollte. Mein Hans zuckte nur mit den Schultern, wenn ich danach fragte, und erkundigte sich, was es heute mittag zu essen gäbe. Um des lieben Friedens willen drang ich nicht weiter in ihn. Ja, ich beruhigte mich sogar, weil für längere Zeit von keinem neuen Gewehr mehr die Rede war.

C. ARNOLD

Aber dann im Januar, wo jeder Haushalt ohnehin schmal bei Kasse ist, traf mich nahezu der Schlag. Es erschien nämlich ein Monstrum von Gewehr. Und wenn es nicht schon früher erschienen war, so nur deshalb, weil es so etwas gar nicht zu kaufen gibt. Es wird nur auf Bestellung gemacht, und dazu brauchen die zuständigen Spezialisten ein volles Jahr. Das Ding wog nicht weniger als 6,5 Kilo und stellte eine . . . Elefantenbüchse dar, und zwar vom schwersten aller Kaliber. Es hat zwei dicke Läufe nebeneinander und nennt sich nach fremdartigen Regeln .577, was nach unseren Begriffen einem Patronendurchmesser von 13,5 Millimeter entsprechen dürfte. Die Kugeln dazu sehen aus wie kleine Granaten und sind nur in London zu haben. Das Stück für neun Mark und fünfzig Pfennige.
Wieviel diese gewaltige Doppelbüchse gekostet hat, wurde mir gegenüber bis zum heutigen Tage geheimgehalten. Aber man kann sich ja ausmalen, was die Hand- und Maßarbeit von Leuten heutzutage wert ist, die sich mit solch komplizierter Facharbeit befassen. Soviel ich erfahren habe, gibt es nur noch drei oder vier Werkstätten auf der ganzen Welt, die solche Büchsen machen. Mir wurde ganz schwach bei dem Gedanken an die Rechnung, welche kommen mußte. Aber da hatte ich nicht mit der Listigkeit gerechnet, wie sie den meisten Jägern eigen ist. Es kam nämlich keine Rechnung, das furchtbare Ding war schon bezahlt. Mein Hans hatte mir nämlich klugerweise verschwiegen, daß er unlängst bei einer Geschäftsreise die Auslandsrechte von einem Buch verkaufen konnte, und zwar ziemlich günstig. Und davon hatte er das Monstrum schon bezahlt. Dem Haushalt ginge also nichts ab, meinte er mit männlicher Logik, das Elefantengewehr sei sozusagen umsonst!

So war ich zwar der Sorge enthoben, wie das Unding finanziell zu verkraften war. Aber wütend war ich trotzdem, denn es wäre wirklich besser gewesen, diesen unerwarteten Verdienst auf die hohe Kante zu legen. Außerdem war mir hinreichend klar, daß die neue Büchse nicht nur als Zierde im Mittelpunkt des Gewehrschrankes stehen sollte, sondern zu Schuß kommen mußte. Und weil es in unserem Jagdrevier seit der vorletzten Eiszeit keine Mammuts mehr gibt, mußten seine zeitgenössischen Verwandten wohl oder übel in Afrika aufgesucht werden. Also hatte mein Hans beschlossen, unter die Großwildjäger zu gehen.

Als Frau mit normalem Empfinden schreckte mich dieser Gedanke natürlich und ich ließ das Wort »Gefahr« fallen. Darauf schien mein Jäger nur gewartet zu haben, denn sogleich nahm er meine Besorgnis um sein Wohlergehen zum Anlaß, mir ausführlich auseinanderzusetzen, daß einzig und allein nur solch ein Supergewehr dem Großwildjäger die nötige Sicherheit biete. Nur mit dieser handfesten Kanone ließ sich der wehrhafte Elefant z. B. waidmännisch und blitzschnell erlegen. Dem Jäger könne dabei gar nichts passieren. Eben um mir diese Sorge zu nehmen, sei ja dieses Übergewehr angeschafft worden ... genaugenommen eigentlich nur in meinem Interesse!

Von den tropischen Strapazen, zu denen diese gewaltige Büchse nur der erste Auftakt war, werde ich noch ausführlich berichten. Näher lag mir im Augenblick die Sorge um meines Mannes jagdliche Bekleidung, die äußerst schäbig war. In dieser Hinsicht nämlich treibt er keinerlei Luxus, das krasse Gegenteil ist der Fall. Als meine Augen zum ersten Male auf ihm ruhten, trug er ein schlichtes Gewand aus steingrauem Loden mit Lederknöpfen und Lederpatten auf den Schultern; dazu eine ungemein häßliche Strickjacke aus grober, graubrauner Wolle. Auf dem Kopf saß ihm ein durchgeschwitzter Filzhut von undefinierbarer Farbe mit allen möglichen Abzeichen, woran der Rost nagte. Ein Gamsbart steckte nicht darauf, auch keine Spielhahnfeder. Ich hielt ihn erst für einen Jagdaufseher, und mich dauerte es zu sehen, wie geflickt der Stoff an den Ellbogen war.

Inzwischen ist mir dieses mitleidige Gefühl vergangen, doch ich bedauere noch immer, wie er herumläuft. Aber nur meinetwegen bedauere ich das, denn nun fällt ja sein räuberisches Aussehen auf mich zurück, obwohl ich wirklich nichts dafür kann. Es ist kaum zu glauben, aber er trägt noch immer dieselbe Kluft wie damals vor acht Jahren. Da ist absolut nichts zu machen. Einmal habe ich das Zeug versteckt (denn verschenken kann man es nicht mehr!) und ihm gesagt, er solle zu Lodenfrey gehen und sich einen neuen Jagdanzug kaufen. Er wurde aber gleich so ungezogen und richtig böse, daß ich die »ehrwürdigen Fetzen« schleunigst wieder hervorgeholt habe. Diese Art von Männern ist wirklich ganz unberechenbar.

Eines Tages ist er dann in seinem vielgeliebten Jagdanzug über einen steinigen Hang ziemlich tief abgerutscht und die alte Kluft war voller Löcher und Dreiangeln. Das war wohl ein Glück im Unglück, denn nun mußte das verbrauchte Gewand wirklich weg. So dachte ich. Aber mein Hans dachte anders. Er bestand auf einer sorgfältigen Reparatur, aber ohne jede Veränderung. In Grund und Boden habe ich mich geschämt, als ich mit dem Zeug zum Schneider ging. Der warf nämlich erst einen abschätzenden Blick

auf mein schickes Frühjahrskostüm und betrachtete alsdann mit sichtlichem Befremden das schäbige Gewand meines Mannes. Gewiß dachte er, ich würde den Ärmsten darben lassen, um selber in Samt und Seide zu gehen.
»Eigentlich«, so meinte er schließlich, »führen wir solche Arbeiten gar nicht aus. Es paßt nicht mehr in unsere Zeit!«
»Da mögen Sie gewiß recht haben«, erklärte ich dem Herrn, »aber wissen Sie, mein Mann hat diese Sachen bei seiner Flucht durch Sibirien getragen ... da hängt er halt dran ...«
Das sei natürlich etwas anderes, meinte der Schneider verbindlich, da könne man den Herrn Gemahl wohl verstehen. Aber er fragte doch, ob man denn seinerzeit diese Sachen auch richtig entlaust hätte. Ich versicherte es ihm mit allem Nachdruck.
Nach vier Wochen kam der Jagdanzug zurück, von seinen Löchern befreit, aber keineswegs schöner. Weil man keine Flicken von der gleichen verblichenen Farbe hatte finden können, war nun das Gewand mit grauen Lederflecken besetzt worden. Hans fand das ganz richtig, denn so würde er noch länger halten. Außerdem waren diese Stellen eine Erinnerung an seinen glücklich überstandenen Sturz.
Im vorigen Herbst waren wir nun in Schottland zur Rotwildjagd eingeladen. Auf einem burgartigen Schloß, wie man es sonst nur im Film sieht, ganz im alten, feudalen Stil. Sein Besitzer schrieb auch Bücher, nur nicht so eifrig wie unsereins. Aber er hatte es ja auch nicht so nötig. Er war wirklich sehr nett und herzlich, gar nicht so steif, wie man sich meist die Lords vorstellt.
Zum Abendessen war Gesellschaftskleidung vorgeschrie-

L. ARNOLD

ben, die Frauen dekolletiert und die Herren im Smoking. Wir aßen von silbernem Geschirr; und es ging zu, als lebte man am Hofe der Königin. Um so peinlicher war es mir, als mein Mann am folgenden Morgen in seinen vielgeflickten und abgeschabten Jagdanzug stieg. Was sollten unsere Gastgeber nur denken, wenn sie ihn so abgerissen sahen?

Da wurde ich aber gründlich eines Besseren belehrt oder, genauer gesagt, eines noch Schlechteren. Denn Seine Lordschaft sah noch schlimmer aus als mein Hans. Das hätte ich zuvor kaum für möglich gehalten, aber es war doch möglich. Er trug drei verschiedene Arten von Knöpfen an seiner Jacke, und am linken Ellbogen fehlte sogar der Flikken, das blaßgrüne Hemd schaute durch. Auch in seiner Hose waren offene Löcher.

»Richtig peinlich war es mir«, sagte Hans, als die Jagd vorbei war, »daß ich so elegant wirkte in meinem sorgfältig reparierten Anzug. Man konnte fast denken, ich wäre ein grüner Neuling.«

Da begriff ich erst, daß dieses Getue mit alten Anzügen eine weltweite Spielerei unter den eingefleischten Jägern ist. Die notorische Abgerissenheit gilt sozusagen als eine internationale Geheimuniform ihrer Zunft. Es bedarf ja auch vieler Jahre und mancher Strapazen in der rauhen Natur, bis so ein Jagdanzug endlich die richtige Patina hat. Ein Luxus- und Sonntagsjäger bringt das nicht fertig. Daher kommt wohl dieser Snobismus mit den schäbigen Jagdanzügen. Wenn ich es mir recht überlege, habe ich tatsächlich noch nie einen wirklichen Waidmann gesehen, der bei seiner Lieblingsbeschäftigung anständig und adrett gekleidet war.

Nun warte ich voller Spannung darauf, was passiert, wenn meines Jägers Gewand endgültig und irreparabel auseinanderfällt. Gar zu lange kann es ja nicht mehr dauern! Ich bin fast sicher, daß der Waidmann heimlich auf harzige Bäume klettern und durch Pfützen robben wird, nur um die so peinliche Unversehrtheit des neuen Anzugs möglichst schnell loszuwerden.

Eine andere Spielart kindlichen Sinnes ist die Vorliebe für Messer. Man findet sie bei Knaben von etwa neun Jahren aufwärts bis zum Ende der Pubertät, sowie bei den Jägern in aller Welt. Bei ihnen hört die Freude an diesem blitzenden Spielzeug niemals auf. Und demgemäß wurden darin zahlreiche Varianten entwickelt. Da gibt es riesengroße und schwere Waidblätter, versehen mit Hirschhorngriff und handgenähter Lederscheide. Es gibt sogenannte »Waidbestecke« mit einem ganzen Arsenal von kleinen Sägen und Haken, Korkenziehern, mit Patronenausziehern und Flaschenöffnern. Da sind kleine Messer, deren dicke, aber haarscharfe Klinge stark gebogen ist. Sehr beliebt sind auch Jagdmesser, bei denen auf der Lederscheide noch ein kleines Futteral mit Schleifstein aufgenäht ist. Für Geschenkzwecke geeignet hält man den repräsentativen »Hirschfänger«, dessen Griff sogar vergoldet und mit Monogramm geliefert wird. Auch vernickelte Standhauer und Kleinbeile werden geschätzt, die in Schlaufen aus Elchleder hängen. Jedenfalls gibt es eine Unmenge der allerverschiedensten Jagdmesser, und es werden immer neue dazu erfunden. Sie alle sind für ganz bestimmte und spezielle Zwecke gedacht. Doch benützt werden sie hierfür nie, jedenfalls nicht bei uns. Denn wenn mein Mann selber mal ein Stück Wild aufbrechen muß, so schont er das prächtige

C. ARNOLD

Messer an seiner rechten Seite und holt statt dessen ein vom vielen Nachschärfen schon ganz dünn gewordenes Messer aus der Tiefe seines Rucksacks.
Ich weiß nicht, wie viele Jagdmesser im Laufe der Zeit bei uns aufgetaucht sind, und es hat lange gedauert, bis ich herausfand, auf welch geheimnisvolle Weise sie immer wieder verschwinden. Anfangs ist die Begeisterung groß über jedes neue Stück. Es liegt sogar auf dem Nachttisch, also sollte es zur Abwehr feindlicher Überfälle dienen. Ausführlich wird mir erklärt, was es alles für Vorzüge hat, wie geschmackvoll die Ausführung ist und welche Menge deutscher Wertarbeit darin steckt. Beim nächsten Gang durchs Revier wird es in der Messertasche mitgenommen, die eigens für diesen Zweck hinten an der rechten Hosenseite aufgenäht ist. Das Messer wird dem Revierjäger und es wird dem Lehrling gezeigt, die das neue Stück natürlich sehr bewundern; denn sie wissen, was sie ihrem Brotgeber schuldig sind. Aber dann wird das einzigartige Ding nicht mehr viel erwähnt und nach gewisser Zeit tritt ein neues Messer in Erscheinung. Meiner Frage nach dem alten Messer geht man aus dem Weg oder weiß nicht mehr, wovon ich spreche. Als kluge Frau bestehe ich nicht weiter auf präzisen Auskünften. In Wirklichkeit bin ich aber genauso neugierig wie andere Frauen auch, und solche Geheimnisse, wie das spurlose Verschwinden des Jagdmessers, lassen mich nicht ruhen.
Die Lösung des Rätsels ergab sich dann ganz von selbst, als ich zum ersten Male zu einer Jagdreise ins Ausland mitgenommen wurde. Und zwar ging es zu einem schwedischen Gutsbesitzer, von dem Hans zu einem Rehbock eingeladen war. Das war insofern eine wichtige Sache,

weil es dort, in der Provinz Schonen, angeblich die stärksten Rehböcke Europas geben soll.

Bei der Gelegenheit müßte ich vielleicht erklären, wie es unter Jägern zu solchen Einladungen kommt. Dazu braucht man sich nämlich gar nicht zu kennen! Es handelt sich sozusagen um jagdliche Tauschgeschäfte, die irgendwie und irgendwann von gemeinsamen Freunden gesprächsweise angebahnt werden. Da sagt vielleicht mal jemand: »Wissen Sie was, für so einen kapitalen Gamsbock würde ich einen von meinen Trapphähnen hergeben.« Wer das gehört hat, erinnert sich daran, wenn bei anderer Gelegenheit jemand sagt: »Wie gerne würde ich mal einen Trapphahn schießen, aber in meinem Gamsrevier gibt's natürlich keine.«

So erhält der eine vom anderen Kenntnis, es entwickelt sich der entsprechende Briefwechsel, und die gegenseitigen Einladungen erfolgen. Es geht dabei ganz gesellschaftlich zu, und niemand spricht davon, daß es eigentlich ein Handelsgeschäft in Naturalien ist, was sich dabei abspielt. Meist sind aber diese Tauschpartner furchtbar nett, und es kann sich oft daraus eine richtige Freundschaft entwickeln. Jäger haben sich ja immer so maßlos viel zu erzählen, und auch wir Frauen spüren das Bedürfnis, uns die Jägerfrauenherzen auszuschütten.

Nun gut, wir rollten also vor das Gutshaus unseres Gastgebers und begrüßten einander mit der etwas steifen Herzlichkeit, wie das so bei einer ersten Begegnung meist der Fall ist. Aber daß es nette Leute waren, mit frischem Herz und fröhlichem Sinn, merkte man sofort. Wie das unter Waidmännern so üblich ist, wurde schon gleich in der Halle über Gewehre und Kaliber gesprochen. Das sind so feststehende Umgangsformen, wie sie zwischen allen Jägern der Welt herrschen. Wenn man beobachtet, wie eine erste Begegnung unter Waidmännern verläuft und was sie dann tun und einander sagen, so könnte man darüber einen richtigen Spezial-Knigge schreiben. Denn es ist überall ganz genau dasselbe, bei uns und in Schottland, in Norwegen, Schweden und Spanien, auch im afrikanischen Busch, in Hinterindien und Alaska.

So gehörte es sich denn auch, daß mein Mann unserem Gastgeber sofort die Waffen zeigte, welche er mitgebracht hatte. Der Hausherr schaute hindurch, nahm die Gewehre zünftig in Anschlag und ließ einige Fachausdrücke fallen, die in knapper Form seine Anerkennung verrieten. Damit war er nun selber dran und holte seine Gewehre aus dem Schrank. Es spielte sich nun genau dasselbe Zeremoniell ab, jetzt war es mein Mann, der durch die fremden Gewehre schaute und sie in Anschlag brachte. Es war aber klar, daß dies nur in Richtung schräg nach oben zum Fenster hinaus geschehen durfte. Denn diese Vorsicht verrät den Mann mit Verantwortungsgefühl und entlarvt den Neuling.

Anschließend erfolgte das gegenseitige Begutachten der Ferngläser mit ausführlichem Probeblick, auch mit Patronen wurde gespielt. Als dies erledigt war, kamen die Jagdmesser an die Reihe, und davon besaß nun Hans eine Ausgabe, die man hier noch nicht gesehen hatte. Und weil der deutsche Stahl und deutsche Jagdmesser einen großartigen Ruf genießen, so erglänzten die Augen des Hausherrn; und voller Entzücken glitten seine Finger über das männliche Spielzeug. Offengestanden wunderte es mich, wie dieser an sich doch vornehme Mann den Ausdruck einer gewissen Begehrlichkeit nicht verleugnete, als er mit dem blitzenden Ding hantierte. Er klappte es auf und wieder zu, wog es auf seinem Handteller und prüfte des Messers Schärfe an der Haustür.

»Wenn Ihnen das Messer gefällt«, sagte mein Mann mit kurzem Entschluß, »so möchte ich Sie herzlich bitten, es zu behalten.«

Jemandem ein Geschenk anzubieten, den man noch keine halbe Stunde kennt, das war doch unmöglich! Gewiß würde dieser Mann von Welt, so glaubte ich bei meiner Einfalt, das plumpe Angebot höflich, doch mit Entschiedenheit zurückweisen. Aber keineswegs! Der Hausherr griff ohne weiteres zu und dankte herzlich. Er hing sich das Messer gleich an seinen Gürtel und bei Tisch öffnete er die Nüsse damit. Dabei lag ein versilberter Nußknacker neben seinem Teller.

Hinterher zeigte er uns dann seine anderen Jagdmesser. Sie lagen in der Schublade seines Schreibtisches, dort, wo die Leute im Film ihren griffbereiten Revolver haben. Es waren wunderbare Messer dabei, und ich habe sie gezählt. Die Sammlung bestand aus siebzehn Stück, kein einziges zeigte Spuren von Gebrauch.

Am nächsten Morgen führte uns der Gutsherr selbst zur Pirsch, das Messer meines Mannes schaute mit dem Griff aus seiner Gesäßtasche. Wir sahen mehrere Rehböcke, die mir sehr gut schienen, aber auf keinen durfte Hans anlegen. Sie wären noch nicht gut, meinte unser Gastgeber. Erst am dritten Tag nickte er mit dem Kopf, und Hans schoß einen Bock, dessen Gehörn hierzulande Bewunderung sowie den wohltuenden Neid anderer Jäger erregt.

Als der Bock im Feuer lag und wir sein »knuffiges« Gehörn betrachteten, gratulierte ich meinem Mann.

»Er hat dich einen seiner besten Böcke schießen lassen«, flüsterte ich Hans zu, »das war aber wirklich sehr nett von ihm.«

»War's auch«, lächelte er glücklich, »aber das hatte ich mir schon denken können, als er mein schönes Messer annahm.«

Und da gibt es abergläubische Leute, die davon reden, man dürfte keine schneidenden Gegenstände verschenken, weil sie »die Freundschaft zerschneiden«. In waidmännischen Kreisen ist genau das Gegenteil der Fall, das habe ich mittlerweile gelernt. Da werden Freundschaften geradezu auf des Messers Schneide gegründet.

Im Laufe der fünf oder sechs Jahre, die seitdem folgten, habe ich nun den Weg unserer Jagdmesser etwas besser verfolgen können. Sie werden heute auf der ganzen Welt getragen, von hinterindischen Pygmäen und von Lappen am Polarkreis, von Negerfürsten am Kongo und Seehundsjägern an der Waterkant. Auf der fernen Eismeerinsel Hopen blieb ein Messer und im Dschungel von Sumatra ein anderes. Die jagdlichen Streifzüge meines Mannes sind mit Messern gepflastert. Es gibt keinen Waidmann auf dem Erdenrund, gleich was seine Hautfarbe und seine Bildungsstufe sein mag, für den ein hübsches Jagdmesser nicht das liebste Spielzeug wäre. Und wer ihm eines schenkt, dem fühlt er sich kameradschaftlich verpflichtet und führt ihn zu den besten Trophäen.

Ich will beileibe nicht die jagdlichen Künste meines Gatten oder gar die Treffsicherheit seiner Büchse in Zweifel ziehen, aber wenn ich es recht bedenke, dann hängt neben gar mancher stolzen Trophäe im Geiste auch ein verschenktes Jagdmesser.

NACHTJÄGER

»Jetzt sind die beiden aber endgültig übergeschnappt!« Das hätte bestimmt jeder gesagt, würde er uns zugeschaut haben. Glücklicherweise war aber kein fremder Mensch weit und breit, denn vor Ostern liegt noch Schnee in unserem Tal und Touristen lassen sich nicht blicken. Wir waren also ganz ungestört bei der Sache.

Mein Mann saß halbverborgen hinter einer Buche und stieß in unregelmäßiger Reihenfolge die seltsamsten Rufe aus. Ich stand mitten auf der sauren Wiese, meine linke Hand lag in der knorrigen Rechten des Revierjägers Wastl. Das eine Bein hielt ich in der Luft und durfte mich beileibe nicht rühren. Es galt nämlich, ein ganz bestimmtes Geräusch abzuwarten, das Hans machen wollte. Jedoch stand es in seinem Belieben, wann er diesen Laut von sich geben würde.

»Klopp« machte er nun, und Wastl umfaßte meine Hand noch fester. »Klopp... klopp ... klopp ... klopp ...« rief mein Mann ziemlich schnell hintereinander und ließ dann ein ganz großes und lautes Klopp folgen.

Darauf kam es an! Denn im gleichen Augenblick riß mich unser Jager ziemlich heftig nach vorn, genau zwei Schritte weit.

»Stehen, ruhig stehen!« zischte er mir zu und stand selber wie eine Bildsäule. Ich hatte aber zuviel Schwung gehabt und mußte jetzt mit waagerecht vorgebeugtem Oberkörper stehenbleiben. Ich tat, was menschenmöglich war, um ja nicht zu wackeln. Denn das galt als eine Todsünde bei diesem anstrengenden Spiel. Ich war ausgiebig davor gewarnt worden. Aber schon nach zehn Sekunden tat mir alles

C. ARNOLD

weh, und ich hätte am liebsten losgeschimpft über diese Schinderei. Es war reiner Sadismus, mich so lange warten zu lassen.

»Klopp ...« ging es endlich wieder an, und alsdann folgten die schnellen kleinen Klopse, bis wieder der laute Groß-Klops kam. Dabei ging mein Mann und Spielkamerad hinter seinem Baum in die Höhe, flatterte mit seinen Armen wie ein Seehund und machte einen langen Hals. Dabei schaute er mit geschlossenen Augen zum Himmel und rief »tschihh ... schiii ... schiii«.

Indessen eilten der Wastl und ich – Hand in Hand – abermals zwei Schritte nach vorn. Diesmal hatte ich einen festen Stand, als ich wieder innehalten mußte. Aber leider knackte ein Zweig unter meinem Fuß, gerade als Hans wieder zu kloppen anfing. Das war natürlich ganz schlimm, aber ich konnte wirklich nichts dafür.

»Paß doch gefälligst auf!« rief er aus seiner Hockstellung. »Jetzt ist der Hahn mißtrauisch und verschweigt!«

Um zu demonstrieren, wie mißtrauisch der Auerhahn geworden war, richtete sich mein Mann wieder auf, schaute um den Baum herum und verdrehte den Hals.

»Net rühren jetzt«, flüsterte mir Wastl zu, »der Hoahn mocht oan loangen Stingl.«

Die Darstellung, wie sie mein Lebensgefährte von einem Auerhahn gab, der sozusagen Lunte gerochen hatte, war von so unbeschreiblicher Komik, daß ich losprusten mußte.

»Lach nicht so blöd!« rief er wütend. »Das hier ist 'ne ernste Sache. Ich sichere jetzt, und du kannst von Glück sagen, daß ich nicht abreite.«

Da mußte ich mich wohl zusammennehmen, sonst war es

um meine Mitnahme zur Auerhahnbalz geschehen. Und das durfte nicht sein, meine ganze Stellung als Waidmannsweib stand auf dem Spiel.
Hans schaute erst rechts hinter dem Baum vor, dann blickte er prüfend nach links. Er drehte den Kopf nach allen Seiten und trippelte mit kleinen, schnellen Schrittchen hin und her.
»Joah ... so moacht er's, der Hoahn!«, lobte Wastl die Imitation, welche sein Jagdherr von einem mißtrauischen Auerhahn gab. Dabei durfte ich weder grinsen noch mit den Augen blinzeln. Denn so was sieht der Große Hahn sofort und ergreift die Flucht, was von den Jägern als »abreiten« bezeichnet wird. Bevor diese praktische Übung hier begann, hatte ich natürlich schon theoretischen Unterricht erhalten. Einen Auerhahn kann man nur während seiner Brunft überwinden, die bei seinesgleichen »Balz« genannt wird. Im Liebeslied des Großen Hahn befindet sich eine Strophe oder, besser gesagt, eine kurze Stelle, bei der dieser Vogel aus Gründen, die mir unbegreiflich sind, die Augen und Ohren schließt. Diese Stelle heißt »Schleifen« und kommt gleich nach dem Groß-Klops. Sobald das »tschiiih ... tischiii ... schiii« losgeht, kann man zwei, vielleicht sogar drei ganz schnelle Schritte machen. Da sieht der Hahn den Jäger nicht und hört ihn nicht. Aber sonst sieht er alles und hört alles.
Mein Mann, der Auerhahn, hatte sich inzwischen beruhigt und hockte wieder hinter seinem Buchenstamm.
»Klop ...« fing er aufs neue an, doch ließ er sich mit den anderen Klopsen ziemlich lange Zeit.
»Er spuit sich erst wieda eini«, raunte mir Wastl zu, »net glei springa.«

»Wastl, halt den Mund!«, rief der Große Hahn hinter seinem Baum. »Ich muß sonst abreiten ...«
»Es iss ja nur wegen dem Unterricht, Herr Doktor«, entschuldigte sich der Jager, »dös brauchen Se fei net hören.«
»Na meinetwegen«, rief der Hahn mit bewundernswürdiger Einsicht, »also, es geht weiter!«
»Klopp ... klopp ... klopp ... klopp ... KLOPP!«
Schnell wollte ich meine zwei Schritte machen, aber der Wastl hielt mich eisern fest mit seiner harten Pranke.
»Net jetzt... ja net«, flüstert er halblaut, »dös iss oa Finten von dem Hoahn! Er tuat nur soa, weil er spanne will, ob wer doa iss. Darauf falle mir net nei.«
Tatsächlich folgte auf den Groß-Klops kein »Tschiii ... schi ...«, wie doch eigentlich zu erwarten stand. Ganz im Gegenteil, Hans machte wieder einen »langen Stingel« und sicherte voller Mißtrauen. Also begriff ich, wie schlau so ein Auerhahn ist, wenn es verdächtig geknackst hat im Wald. Erst beim dritten Mal kam wieder das übliche Tschiii ... tschiii. Wir ließen auch das vorbeigehen, der Wastl und ich. Denn bei so einem alten Hahn darf man nichts überstürzen. Erst beim nächsten Mal eilten wir weiter, und beim zwanzigsten Mal hatten wir den Baum erreicht. Ich war stolz darauf, daß es nicht mehr geknackst hatte und ich nach dem »Springen« so eisern stehengeblieben war.
»Sehr überzeugend war das noch lange nicht«, schüttelte mein Auerhahndarsteller den Kopf, »das muß noch sehr geübt werden.«
Und wie emsig haben wir noch geübt! Der ganze liebe lange Tag ging darüber hin. Man war wirklich in der rührendsten Weise um mich besorgt. Vor dem Schlafengehen fand noch eine ausgedehnte Nachtübung statt, denn zum

wesentlichen Teil sollte ja unsere Sprungprozession bei Dunkelheit stattfinden.

Am nächsten Morgen erhielt ich sozusagen meinen Freiflugschein und durfte allein »anspringen«. Denn so werden die hastigen Schritte genannt, wie sie der Balzjäger können muß. Dabei hat das mit Sprüngen nichts zu tun. Aber die Jägersprache ist nun mal so, daß sie für alles ganz andere Ausdrücke hat als gewöhnliche Menschen.

»Genug für heute«, erklärte Hans dann schließlich, »wenn wir Glück haben und das Gelände gut ist, dann kann's vielleicht gehen.«

Ich war auch ziemlich erschöpft und fand die Sache gar nicht mehr lustig, sondern ausgesprochen lästig. Aber das durfte ich unter gar keinen Umständen zeigen. War ich doch der hohen Ehre teilhaftig geworden, eine Auerhahnjagd miterleben zu dürfen. Das wird Ihnen, liebe Leserin, nicht viel sagen. Aber in Jägerkreisen besagt es alles! Ein weibliches Wesen, das zu solch einem geheimnisumwitterten, eifersüchtig gehüteten Unternehmen mitgeschleppt wird, dem hat man sozusagen den Jagdschein honoris causa verliehen. Im vorliegenden Fall kam noch hinzu, daß ja für meinen Mann die Hahnenbalz als das edelste, das herrlichste, das unvergleichlichste aller Jagderlebnisse gilt. Ich glaube, für einen alten Auerhahn würde er nicht nur das hübscheste Mädchen stehenlassen, sondern auch den stärksten Grisly-Bär.

Also hatte ich mich zutiefst dankbar und höchst erfreut zu zeigen. Jede andere Einstellung dem mühevollen, nächtlichen Ausflug gegenüber hätte mich in den Augen meines Gatten wie auch des Jagers in schlimmster Weise abgewertet. Selbst der Toni hätte mich kaum mehr angeschaut.

Also strahlte ich Glück und Vorfreude aus, als der große Tag oder, besser gesagt, die große Nacht hereinbrach.
Hans bestand darauf, daß ich schon um neunzehn Uhr zu Bett ging. Aber wer kann schon einschlafen, bevor der Nachmittag so recht vorüber ist.
»Versteh ich vollkommen!« sagte Hans und lächelte mich an. »Du bist natürlich mächtig aufgeregt vor so einem großen Erlebnis. Aber mach wenigstens die Augen zu und lösch das Licht aus.«
Ich tat wie befohlen und nach redlichem Bemühen schlief ich tatsächlich ein.
»Es ist Mitternacht, Frau Doktor«, ruft der Toni und bummert an meine Tür, »Sie sollen aufstehen!«
Ich drehe mich zur Wand und bin gleich wieder eingeschlafen. Aber nicht für lange, denn mein grober Gemahl zieht mir die Decke fort.
»Auf, auf, mein Frauchen, die Nacht ist kühl und voller Wölfe!«
Manchmal hat Hans gar nicht so das rechte Verständnis für mich.
»Man braucht doch Zeit, um wach zu werden«, klage ich, »es ist gerade so schön warm im Bett. Laß mich doch noch ein bißchen!«
»Wie du willst«, sagt er beleidigt, »von mir aus brauchst du überhaupt nicht aufstehen.«
Damit stapft er hinaus und ruft nach seinem Kaffee.
»Nur für mich, Wastl, unsere Jägersfrau liegt noch im Winterschlaf.«
Der Wastl ruft auch was und alle drei lachen darüber.
Das kann ich mir natürlich nicht bieten lassen und springe todesmutig aus dem warmen Pfühl in die kalte Stube. Das

Wasser in der Kupferkanne ist eisig, aber einmal mit dem kalten Lappen durch das verschlafene Gesicht, das muß sein. Nun aber schnell in die wollenen Sachen und dicken Schuhe, ich zittere ja am ganzen Leib. Mit meiner Frisur halte ich mich nicht lange auf, ein Make-up brauche ich heute bestimmt nicht. Es schaut mich ja doch keiner an, wenn es zur Balzjagd geht.

»Na also«, ruft Hans, als ich frohgemut lächelnd in die Wohnstube trete, »Toni, bring nochmal Kaffee und eine zweite Tasse, Frau Hubertus ist erschienen!«

Wir schlürfen das heiße Zeug in völligem Schweigen, denn so richtig munter ist ja keiner von uns.

Die Erde ist gefroren draußen und alles totenstill im rabenschwarzen Dunkel. Die kleinen Laternen werden angezündet und malen gelbe Kreise auf den Boden. Taschenlampen sind verpönt bei uns, sie gelten als technischer Einbruch in das urwüchsige Revier. Weil das so romantisch wie möglich bleiben soll, duldet mein Jägersmann nur Kerzenlicht bei seinen nächtlichen Wanderungen oder prasselnde Pechfackeln. Er findet das viel stimmungsvoller, und ich glaube allmählich auch, daß er recht hat.

Im Gänsemarsch ziehen wir los, voran Wastl mit seinem Lämpchen, dann Hans und hinter ihm ich. Den Schluß macht Toni mit dem zweiten Lämpchen. Damit leuchtet er mir auf die Füße, denn Toni ist ein aufmerksamer Bub. Ich friere an Händen und Ohren. Die Hände kann ich in die Tasche stecken, aber meine Ohren leider nicht. Nun, ich muß mich damit abfinden. Was eine brave Jägersfrau werden will, die muß sich halt mit vielem abfinden, was unbequem und außergewöhnlich ist. So zum Beispiel mit dem scheußlichen Aufstehen um Mitternacht.

Endlos lange marschieren wir durch das Tal, immer ohne zu reden und in langweiligem Trott. Ich versuche, an gar nichts zu denken und im Gehen ein wenig zu schlafen. Die alten Soldaten sollen das gekonnt haben, sagt Hans, aber mir gelingt es nicht. Ich komme dabei gleich ins Stolpern.

»Sei nicht so faul, heb die Füße«, blafft mich der Unmensch an, den ich nichtsahnend geheiratet habe.

»So, alsdann geht's aufi«, verkündet unser Jäger, »aber mir ham ja Zeit.«

Und wie es »aufigeht«, das merke ich gleich. Nämlich ganz steil und gar nicht so gemütlich, wie mir gestern verheißen wurde. Ich muß die Hände zur Hilfe nehmen und mich an Busch und Wurzeln festhalten. Dabei bekomme ich wieder warme Finger und vergesse ganz, wie sehr ich an den Ohren gefroren habe.

Dieser Anstieg nimmt gar kein Ende. Selbst die Männer fluchen manchmal. Eine Dame soll das leider nicht tun, jedenfalls nicht so, daß man es hört. Also fluche ich nur innerlich, und zwar mit Recht. Denn auf mich zartes Wesen wird überhaupt keine Rücksicht genommen. Keiner denkt daran, daß ich ohne jede Übung bin und bisher nicht gewohnt war, nächtlicherweise an Berghängen herumzuklettern. Sind doch alles Egoisten, diese Männer!

»Ein kleines Päuslein, damit sich mein tüchtiges Frauchen erholen kann!«, befiehlt Hans, und ich bin tief gerührt von seinem liebevollen Verständnis.

»Das Schlimmste wäre geschafft, mein braves Kind«, tröstet er mich, »von jetzt ab wird's dir besser gehen.«

Ich versichere ihm, nach Luft ringend, daß es mir ausgezeichnet geht.

Die Männer lehnen sich gegen ihre Rucksäcke, ich lehne mich an meinen guten Mann. Zwischen uns stehen die verrußten Lämpchen und flackern.
»Halb zwei iss«, bemerkt Wastl, »in 'ner Stund wer'n mir doa sein.«
Der Mond schimmert nur ganz schwach durch die Wolken, aber irgendwo sind auch Lücken im Gewölk, denn ich sehe ein paar Sterne blitzen.
»Eigentlich schön hier oben, so in der Nacht«, sagte ich mit zufriedener Stimme. Ich weiß, daß es den Jägern Freude macht.
»Am schönsten ist es, wenn der Morgen kommt«, erklärt mein Mann und erhebt sich schon.
Wir kommen in einen Wald und gelangen auf dem schmalen Pirschpfad zum Bärenkopf. Wirklich, es geht sich leichter jetzt, und ich fühle mich wohl. Hier liegt noch Schnee auf dem Boden und dämpft unsere Schritte. Drunten ist schon längst alles fortgetaut, denn wir haben den letzten April.
»Wie hoch sind wir jetzt?« frage ich.
»So an die 1400 Meter«, antwortet Hans, »und viel höher kommen wir nicht mehr.«
Wir stapfen über einen freien Hang, gelangen aber nach kurzer Zeit doch wieder zwischen Bäume. Es sind sehr alte und zerzauste Lärchen, die im Flackerschein der heruntergebrannten Kerzen ganz wunderlich aussehen. Lange grüngraue Flechten hängen von den Ästen. Der Wastl bleibt stehen, öffnet sein Lämpchen und bläst hinein. Auch der Toni löscht sein Licht, der Stummel war ohnehin schon am Verglimmen. Die Nacht hüllt uns völlig ein, ich kann überhaupt nichts mehr sehen.

»Halt dich an meinem Gürtel fest, Kind, sonst verlieren wir uns.«

»Aber ihr könnt doch nicht so im Dunkeln weitergehen?«

»Wir müssen es, denn die Auerhähne haben einen leichten Schlaf. Schon mancher Jäger hat seinen besten Hahn vertreten, weil er gerade unter seinem Schlafbaum hindurchging und das Licht noch brennen hatte. Heb jetzt die Füße gut hoch und mach keinen Krach.«

Schritt für Schritt geht es sehr vorsichtig in den Wald hinein. Wie lange dieses schweigende und tastende Wandern im Dunkeln gedauert hat, weiß ich nicht mehr. Es kam mir sehr lange vor, war aber wirklich sehr romantisch.

»Hier wären wir alsdann«, höre ich den Wastl endlich flüstern und sein schwerer Rucksack plumpst zu Boden. Zwei alte Lodenmäntel werden in den Schnee gelegt und wir lassen uns darauf nieder.

»Hier ist eine Mulde zwischen den Wurzeln, wie nach Maß gemacht. Da kannst du dich hineinkuscheln«, weist mir mein besorgter Gatte einen bequemen Platz zu.

Jemand schraubt an einer Thermosflasche, und der Duft von Tee mit sehr viel Rum steigt mir in die Nase. Dazu gibt es ein Stück knochentrockene Hartwurst. Aber mit dem heißen, scharf gewürzten Tee schmeckt es wunderbar.

»Erst halb drei«, flüstert Hans, »es kann noch ziemlich lange dauern.«

Ich muß daran denken, daß wir gewiß auf viele Meilen im Umkreis die einzigen Menschen sind, die zu nachtschlafender Zeit auf die Berge gestiegen sind. Ganz unberechtigterweise fühle ich mich wie ein Ausnahmegeschöpf und komme mir sehr tüchtig vor. Dabei bin ich ja nur Ballast und werde in keiner Weise benötigt.

Zwischen den drei Balzjägern findet eine flüsternde Beratung statt. Sie endet mit einer Aufteilung unserer Kräfte. Der Wastl entfernt sich lautlosen Schrittes nach rechts, während sein Lehrling nicht ganz so lautlos in linker Richtung verschwindet. Man kann nämlich einen Auerhahn nur etwa dreihundert Meter weit hören. Deshalb die Verteilung der Aufpasser. Nun kann an drei Stellen zugleich »verlost« werden. Denn so nennt man das, wenn jemand aufpaßt, um zu vernehmen, wo ein Hahn balzt.
Hans und ich, wir blieben nun allein. Es ist eine wundervolle Stimmung, so zu zweit in diesem ruhevollen, dunklen Wald dicht nebeneinander zu sitzen. Von unten dringt zwar die Kälte durch Mantel, Hose und Wollsachen hindurch, aber unser heißer Tee mit dem vielen Rum bekämpft das Grundeis mit Erfolg.
Manchmal raschelt es im gefrorenen Laub, und irgendwo knackt ein dürrer Ast. Da ist irgendwelch Nachtgetier unterwegs. Nur gut, daß man sich in unseren Wäldern nicht vor Schlangen und Raubtieren zu fürchten braucht.
»Huu . . . huuhuhuuuu«, ruft jemand in der Ferne.
»Ist das eine Eule?«
»Ja, ein Waldkauz.«
»Balzt der auch«, frage ich.
»Aber nein, Kind, ein Kauz balzt doch nicht!«
»Was tut er denn?«
»Er ruft.«
»Ruft er auch nach den Frauen, weil es Frühling ist?«
»Ja, gewiß, er ist allein und sucht seine bessere Hälfte.«
»Also balzt er doch!«
»Mit dir gebe ich's auf!« entrüstet sich mein Mann. »Du lernst die Waidmannssprache nimmermehr.«

Ich schweige betroffen und denke darüber nach, warum die Hirsche »röhren«, die Auerhähne »balzen«, die Spielhähne »rugeln« und die Eulen »rufen«. Es ist doch allemal dasselbe, was sie damit bezwecken. Aber trotzdem gehört es sich nicht, daß man sagt »die Hirsche balzen« oder »der Große Hahn röhrt«. Ich glaube, die meisten Jäger würden in Ohnmacht fallen, wenn man so redet. Dabei ist es doch gar nicht so unlogisch, wie sie glauben.

Plötzlich fährt Hans so heftig zusammen, als habe ihn etwas gebissen.

»Was ist denn los?«

»Gehört hab ich was.«

»Was denn?«

»Den Hauptschlag . . . sei jetzt bitte ganz ruhig!«

Ich bin ganz ruhig und lausche, daß mir die Ohren brennen.

»Da . . . jetzt wieder.«

»Ich höre nichts.«

»Aber es knappt doch ganz deutlich . . .!«

»Wieso denn . . . es ist doch noch dunkel.«

»Nein, der Morgen kommt. Die Sterne sind ja schon ganz blaß und der Himmel wird grau.«

Mir kommt es noch genauso dunkel vor wie bisher. Aber sicher gehört langjährige Übung dazu, den Morgen zu wittern. Oder ein Blick auf die Uhr.

»Jetzt spielt er das ganze Gesatzl herunter. Das mußt du doch hören!«

Ich strenge meine Ohren an, daß ich meine, sie müßten vor Anstrengung zittern.

»Nein, mein Lieber«, muß ich gestehen, »ich höre nur, wie es irgendwo tropft von einem Baum.«

»Aber das ist es doch, Dusselchen«, flüstert er frohgemut, »das ist doch der Hahn!«

»Dieses hohle Getropfe, das soll ein balzender Auerhahn sein«, frage ich ungläubig.

»Ja, natürlich, was denn sonst?«

»Aber . . . das klingt ja ganz anders als das, was du mir gestern vorgemacht hast, hinter dem Baum am Jagdhaus.«

Ich will ihn wirklich nicht kränken, aber diese melodischen Klangtropfen hier im dämmerdunklen Wald haben nicht die geringste Ähnlichkeit mit dem Geklopse, das man mir gestern als den Balzgesang eines Auerhahns vorgetäuscht hatte.

»Na ja, so ganz dasselbe war's natürlich nicht«, gibt er zu, »aber ich bin ja auch kein Auerhahn!«

»Klock . . . hallt es dumpf aus dem Wald um uns. Es hört sich so an, als würden ganz dicke und schwere Tropfen in einen leeren Holzeimer fallen. Hans ist davon begeistert.

Die Tropfen fallen nun schneller und der letzte kommt besonders schnell und ist besonders laut.

»Der Hauptschlag«, wispert Hans, und seine Hand umklammert meinen Arm, »jetzt geht's erst richtig los!«

Tatsächlich ist es merkbar heller geworden. Man kann schon die Dunkelheit ein paar Schritt weit durchdringen. Aber von einer Morgenröte ist noch nichts zu sehen. Der Auerhahn gehört wirklich zu den frühesten unter den Frühaufstehern.

Mein Mann ist vorsichtig aufgestanden und hält sich die Hände hinter die Ohren, um besser zu hören.

»Ich glaube fast, da ist noch ein zweiter«, flüstert er mir zu, »aber ich bin nicht sicher.«

Mir kommt es auch so vor, aber ich bin viel zu unerfahren als Balzgängerin, um eine Vermutung zu äußern.
Hinter mir knackt ein Zweig und ich schrecke zusammen. Es ist aber nur der Toni, der so plötzlich auftaucht wie ein Gespenst.
»In der Bürgermeisterkimme boalzt der oandere«, meldet er leise, »aber ein ganz oalter iss er nitt.«
»Gut ist es«, nickt mein Mann dem Jungen zu, »hock dich hin und bleib ruhig.«
Unser Hahn ist nun flott dabei und rollt ein »Gsatzl« nach dem anderen herunter.
»Jetzt hab' ich auch das Zischen gehört«, sage ich leise, aber stolz.
»Das heißt nicht Zischen, sondern Schleifen!« werde ich sofort belehrt.
Jedenfalls ist das der »springende Moment«, wo man den Hahn anspringen kann.
Irgendwo hopst ein großes Tier im Dickicht herum und macht einen scheußlichen Spektakel.
»Der Wastl kommt g'sprunge«, informiert mich der Lehrling.
Es sieht urkomisch aus, als ich den Jager endlich sehen kann. Auf einem Bein steht er da, den stieren Blick ins Leere gerichtet und die rechte Hand mit seinem Bergstecken halb in der Luft. Offenbar wartet er auf das nächste Schleifen. Als das dann kommt, macht er einen schnellen Satz und ist bei uns.
»Na, was ist?« fragt Hans voller Spannung.
»Es iss schon«, lispelt Wastl zurück, »wie i gesoagt hab, am Drögerschlag balzt noch oaner.«
Mein Mann strahlt vor Zufriedenheit.

»Toni hat auch drüben den jungen Hahn wieder gehört. Ist deiner älter als der hier?«
Unser erfahrener Revierjäger bedenkt sich lange, bevor er den Kopf schüttelt.
»Alsdann, der hier wär woll der ältere.«
»Dacht ich mir schon«, sagt mein Mann, obwohl er sich das gewiß nicht denken konnte. Er hatte ja Wastls Hahn gar nicht gehört.
»Also, Marianne«, flüstert Hans, »die beiden bleiben jetzt ruhig hier sitzen, während wir den Urhahn anspringen.«
Obwohl ich nie zuvor in meinem Leben von dem Ehrgeiz verzehrt wurde, um halb vier in der Früh einen balzenden Auerhahn anzuspringen, wird mir jetzt doch ganz heiß ums Herz, als mein Mann mich dazu auffordert.
Er steckt seine Armbanduhr weg und reibt sich die Hände mit Erde ein.
»Tu das auch, Kind, der Hahn könnte sonst deine helle Haut sehen«, fordert er mich auf. »Und drück dir deinen Filz tief ins Gesicht.«
Nur gut, daß ich auf mitternächtliches Make-up verzichtet hatte. Statt zarter Creme muß ich mir nun feuchte Erde ins Gesicht schmieren.
Der Wastl reicht mir den langen Bergstecken.
»Das dritte Bein des Bergjägers«, meint er dazu, »bloß nit anstoßen damit.«
Mein Mann hängt sich seine Büchse über die linke Schulter und nickt mir zu.
»Beim nächsten Schleifen ab dafür!«
»Klock ... klock ... klock ...« fängt der Hahn wieder an. Dann kommt mit lautem KLOCK der Hauptschlag und ich husche zwei Schritte vor.

»Gut so!« lispelt Hans, »aber nicht leichtsinnig werden!« Jetzt müssen wir ein wenig warten, weil der Hahn sich Zeit läßt bis zum nächsten Mal. Danach balzt er wieder flott dahin, und wir springen im Takt seines Schleifens durch den Wald. Immer näher klingt sein Balzen.
Einmal sind wir zu früh gesprungen; denn nach dem Hauptschlag ist gar kein Schleifen gekommen, wie es eigentlich sein soll. Das hätten wir natürlich abwarten müssen, aber in der Hitze des Gefechts eben doch nicht abgewartet.
Das hat der Hahn offenbar recht übelgenommen. Er sagt nichts mehr und ist sehr mißtrauisch geworden. Sehen können wir ihn noch nicht. Aber sicher paßt er jetzt höllisch auf, weil ihm unser Schrittgeräusch sehr verdächtig erschienen ist.
Wir stehen beide recht unglücklich. Hans hat sein linkes Bein nicht mehr rechtzeitig auf den Boden gebracht und ich halte meinen Bergstock am ausgestreckten Arm in der Luft, die Spitze schräg nach vorn. Ich beschließe aber gleich, daß ich lieber sterben werde als mich zu bewegen, bevor der Hahn wieder »schleift«. Auf keinen Fall darf *ich* es sein, der ihn verscheucht.
Aber der Hahn ist noch da. Wenn er weggestrichen wäre, das hätten wir gehört. Aber er balzt auch nicht, denn das würden wir noch besser hören. Ganz gewiß lauscht er mit allergrößter Aufmerksamkeit, und wenn er nur das geringste Geräusch vernimmt, prasselt er davon.
Jeder Muskel in den Beinen tut mir weh. Am schlimmsten aber schmerzt der Arm, der diesen verflixten Stock in der Schwebe hält. Ich möchte nur wissen, was die Jäger beim Anspringen so wunderbar finden. Denn dieses qual-

volle Stillhalten, das sagen sie alle, kommt doch jedesmal vor; und meistens muß man zwei- und dreimal gehen, bevor man seinen Hahn bekommt. Es ist wirklich nicht mehr lange zum Aushalten! Nur noch eine gnädige Ohnmacht kann mir helfen, wenn dieses Untier nicht sogleich wieder loslegt!

Diana sei bedankt, der Hahn fängt wieder an! Erst mit einem vorsichtigen Klock, danach mit einem zweiten Klock, das schon recht entschlossen klingt, und dann mit der richtigen Kaskade von allen Knappen.

»Abwarten ... einspielen lassen«, zischt mein Mann, als der erste Schleifer kommt. Und wir rühren uns nicht.

Erst beim dritten Gesatzl schnellen wir weiter, mit einem wunderbaren Gefühl der Erlösung.

Es ist nun schon viel lichter geworden, man kann ziemlich weit sehen. Und es geht dem Waldrand zu, wo es noch heller wird.

Drei Hauptschläge, dreimal Schleifen und sechs Schritte, dann sind wir bei einem besonders dicken Baum angelangt. Und wie der Hahn abermals schleift, reißt mich Hans mit einem Ruck neben sich. Wir stehen nun beide hinter dem Stamm und sind »gedeckt«, wie die Jäger sagen, wenn sie versteckt meinen.

»Will sehen, wo er ist«, lispelt mein Jägersmann und gibt mir seine Büchse zum Halten.

Vorsichtig hebt er sein Glas und schaut in die Baumkronen hinein, die da vorn am Hang stehen. Ihre kahlen Äste heben sich wie Scherenschnitte vom Himmel ab. Und der beginnt sich nun mit einem wunderbaren Rosarot zu verfärben.

»Seh ihn schon«, flüstert Hans, »er ist ganz nahe.«

»Wo denn, sag's mir doch.«
»Dort auf dem Ast . . .«
»Auf welchem . . . da sind viele Äste!«
»Geradeaus . . . die eingegangene Lärche, die schief steht . . . hast du die?«
»Die mit den vielen Flechten dran . . .«
»Ja . . . von oben der dritte Ast links . . . ziemlich weit draußen . . .«
»Hab den Ast . . . aber keinen Hahn!«
»Mußt du doch sehen . . . die große schwarze Kugel.«
Ich starre auf den Ast, aber daß der zusammengerollte Zweig ein Hahn sein soll, kann ich nicht glauben.
Da bewegt sich das dunkle Ding. Ein langer schwarzer Hals steigt hoch, und die Stoßfedern breiten sich aus wie ein Fächer.
»Klock« macht der Vogel und zittert am ganzen Leib. »Klock . . . klock . . . KLOCK . . . pschihihihi . . . Dabei stoßen Kopf und Schnabel steil in die Luft, am Hals plustern sich Federn auf. Als er mit seinem Gesatzl fertig ist, läuft der Vogel ein kleines Stück auf dem Ast hinaus und trippelt dann eilfertig wieder zurück.
Ich weiß nicht warum, aber ich hatte mir das alles so ganz anders vorgestellt. Und so riesengroß wie hier waren mir die ausgestopften Auerhähne nie vorgekommen. So ein balzender Auerhahn, das mußte ich nun selber zugeben, ist schon etwas ganz Besonderes. Ein Waldgeheimnis, ein Urvogel beim Minnesang. Nun schießt auch der erste Sonnenstrahl hinter dem Scheibenkogel hoch und vergoldet den Himmel, vor dem sich dies schöne Schauspiel zeigt.
»Bis zur Wurzel dort«, ruft Hans beim nächsten Schleifen, »aber nur noch einen Schritt jedesmal!«

Als es wieder soweit war, können wir nur gerade hinter dem Baum hervortreten, mehr schaffen wir nicht. Und dabei merke ich, wie mein Herz klopft. So hat denn wider alles Erwarten auch mich laienhaftes Geschöpf das Jagdfieber gepackt. Ich kann es kaum glauben, aber ich bin tatsächlich voll atemloser Spannung.

Schleifen ... ein schneller Schritt ... reglos warten ... ein paar flotte Knapper, der Hauptschlag, Schleifen ... rasch ein Schritt ... reglos warten, bis wieder das Gesatzl kommt ... und so weiter ...

Das alles ist so aufregend, wie ich es gar nicht beschreiben kann.

Schade eigentlich, daß wir schon so schnell bei der großen Wurzel sind. Die gehört zu einem Baumriesen, der beim letzten Sturm zu Fall kam. Beim nächsten Schleifen werfen wir uns dahinter auf die Knie und sind wieder gedeckt. Beim nächsten heben wir die Köpfe ... wieder beim nächsten schiebt Hans die Büchse vor ... wieder beim nächsten gleiten seine Hände an Lauf und Abzug.

»Gock ... gock ... gockgock ...« sagt da jemand.

»Verdammt ... die Hennen sind schon da!« wispert mein Mann und beißt sich auf die Lippen. Ganz bescheiden sehen sie aus, die Auerhennen, so farblos wie das Laub der Blätter und viel kleiner als der stolze, schwarze Hahn da droben.

Er hat die Hennen natürlich auch bemerkt, beugt sich herunter und schaut ihnen zu. Aber nur für einen Augenblick, denn er will ihnen erst noch beweisen, was er doch für ein Prachtkerl ist. Bis ganz zum Ende seines Astes trippelt er hinaus und fängt dann wieder zu balzen an, daß es eine wahre Lust ist.

Glühendrot steigt hinter ihm der Sonnenball empor. Das grünblauschwarze Gefieder des Auerhahns glänzt, als sei der ganze Vogel aus poliertem Metall. Eine solche Mühe gibt sich der eitle Hahn, um vor den schlichten Damen zu prahlen, daß mit ihm der ganze Ast erzittert.
»Ist es nicht ein herrliches Bild?« flüstere ich mit Wehmut im Herzen. Weiß ich doch, daß gleich ein harter Schuß diesen Zauber beenden wird.
Da knackt auch schon ganz leise der Stecher am Gewehr und meines Mannes Kopf liegt fest am Schaft.
»Muß er denn sterben ...?« flüstere ich, aber mehr für mich und so leise, daß es mein Jägersmann doch nicht hören kann.
Wieder beginnt er sein Lied der fallenden Tropfen, und ich weiß, daß es sein letztes sein wird. Beim Schleifen fällt gewiß der Schuß. Er fällt aber nicht.
»Na gut ... ich schenk ihn dir«, sagt Hans statt dessen.
Er hebt den Kopf und seine Finger gleiten vom Abzug. Ich presse die Lippen zusammen, um nicht zu weinen vor Freude.
Hans muß gefühlt haben, was ich fühlte.
»Also schau's dir in Ruhe an, dein Herzensvögeli.«
Wie genieße ich jetzt den schönen Anblick. Hin und her stolziert der verliebte Hahn auf seinem Ast, balzt nach Herzenslust, raschelt mit seinen Schwanzfedern und plustert den Kragen auf.
Gar zärtlich locken unterdessen die Hennen nach ihrem hochmütigen Herrn. Eine Weile ziert er sich noch, aber dann stößt er hinab, mit Schwingenschlag und Geprassel.
»Nun beginnt die Bodenbalz«, erklärt mir mein Mann, »so ein Auerhahn läßt sich Zeit, bis er zur Sache kommt.«

Hin und her schreitet der Vogel nun auf dem Waldboden, balzt und schleift, läuft zwischen den Hennen herum und tut sich enorm wichtig. Die gefiederten Damen sind von seiner Vorstellung sichtlich hingerissen.
Dann jedoch verschwindet der Sultan mit seinem Harem im Dickicht und für uns ist das Schauspiel beendet.
»Holst du ihn dir morgen vom Baum«, frage ich beim Rückweg und tue dabei ganz so, als wäre das unvermeidlich.
»Kann ich ja nicht, hab ihn dir ja geschenkt!«
»Aber so einen Hahn mitzubringen, das ist doch nun mal deine größte Freude«, wende ich tapfer ein. »Und wenn's sein muß . . .«
»Muß ja nicht unbedingt sein. Sind ja noch andere da . . . irgendwo anders im Revier.«
Erst kurz vor dem Jagdhaus wird mein Hans wieder zum Jäger, der seinen Wildbestand im Revier von der praktischen Seite her beurteilt.
»Vom jagdlichen Standpunkt aus war's natürlich ein Unsinn, diesen alten Burschen am Leben zu lassen. Die jüngeren Hähne wollen auch mal an die Hennen.«
»Von meinem Standpunkt aus«, sagte ich gerührt, »war's aber sehr lieb von dir.«
»Na ja, wie man's nimmt!«

FRAU IM FJELL

Nein, das ist kein Druckfehler. Es heißt wirklich *Fjell,* obwohl mir ein Fell aus vielen hübschen, kleinen Nerzen bestimmt lieber gewesen wäre. Aber dazu wird es nie reichen, weil wir reisen. Immer in unwirtliche Gegenden natürlich. Denn man ist ja eines Jägers Frau und muß schon froh sein, wenn man mitgenommen wird.

Das erste Mal fuhr mein Lebensgefährte ganz allein zur Elchjagd nach Norwegen, blieb volle sechs Wochen verschwunden und kehrte im Zustand weit fortgeschrittener Verwahrlosung wieder heim. Aber erfüllt von grenzenloser Begeisterung für die Wildnis von Lappland. Tatsächlich konnte auch ich mich dem Reiz dieser Landschaft nicht entziehen, als wir uns hernach auf der glitzernden Leinwand all die farbigen Bilder anschauten, die Hans dort gemacht hatte. Einen so prachtvoll bunten Herbst kann man bei uns nicht erleben. Und all die vielen wirbelnden Wasserfälle! Einsam und romantisch lag der alte Bauernhof, in dem Hans gewohnt hatte. Das freundliche Grinsen seines Lappenführers ließ darauf schließen, daß man sich dort sehr wohlgefühlt hatte. Es mußte wirklich schön und erholsam sein, in dieser abseitigen Gegend einige Herbstwochen zu verbringen.

Kaum hatte ich das gesagt, wurde ich schon aufgefordert, das nächste Mal mitzukommen. Allein machte ihm ja ein solcher Ausflug nur halb soviel Spaß, versicherte mir Hans, und voller Freude begann ich, unsere Norwegen-Fahrt vorzubereiten. Natürlich dachte ich dabei auch an die Anschaffung einiger hübscher Sachen, wie sie eine Frau für einen solchen Ausflug braucht. Eine schicke Lastexhose, dazu zwei modische Pullis und ein Paar Après-Jagdstiefel aus Wildleder waren schon lange mein stiller Wunsch, vielleicht konnte mir die Norwegen-Reise dazu verhelfen. Auch sonst gab es noch diese und jene Kleinigkeit, womit ich die norwegischen Damen verblüffen konnte, die mir als besonders reizvoll geschildert wurden. Und eifrig begann ich zu packen.

Mein Mann packte auch. Aber was er da einpackte, das sah ich mit Befremden. Gummistiefel nämlich, Regenmäntel und Südwester-Hüte, wie sie die Seeleute bei Windstärke 12 tragen. Dazu stopfte er Unmengen von dicken Wollsachen, gefütterte Westen, Pelzhandschuhe und Mützen mit mächtigen Ohrenklappen. Das konnte ja gut werden!

»Soll's denn bis zum Nordpol gehen?« fragte ich einigermaßen beklommen.

Nein, das wären nur Vorsichtsmaßnahmen, meinte er. Weil doch ein sorgsamer Hausvater an jede Möglichkeit denken müsse.

»Sagst du mir auch die Wahrheit?«

»Aber natürlich, mein Angsthäslein«, lachte er gutmütig. »September und Oktober sind die schönsten Monate im Norden. Jeder Tag bringt Sonnenschein, und es ist noch idyllisch warm.«

Dann packte er die beiden Mäntel aus Schafspelz ein, vier wollene Decken und die Daunenschlafsäcke. Es folgten der Primuskocher und die ganze Hausapotheke mitsamt den scheußlichen Schienen zum Einrichten gebrochener Gliedmaßen.

Da nahm ich stillschweigend ein paar der hübschen Kleidchen wieder aus meinem Koffer, mit denen ich in Oslo glänzen wollte. Ich konnte mir schon denken, daß wir uns dort nicht so lange aufhalten würden, wie mir anfangs gesagt wurde.

Als das Gebirge aus Gepäck fertig gepackt in der Diele stand, wirkte es ganz und gar wie die Ausrüstung einer polaren Expedition. Denn natürlich gehörten auch die Gewehre, Munition, Ferngläser und Fotoapparate mit allen ihren Begleiterscheinungen dazu. Und das alles mußte in den Volkswagen und auf den Volkswagen. Weil es das unbedingt mußte, so ging es schließlich auch. Nur wir gingen kaum mehr hinein.

Um die Gepäckfahrt bis nach Agle zu schildern, dazu brauchte ich ein ganzes Buch. Wir selbst brauchten fünf volle Tage, bis wir endlich dort ankamen. Agle ist ein Ort, den man nicht sieht, weil er im Wald verstreut liegt. Wir fuhren zu demjenigen Bauernhof, der am allerweitesten »verstreut« lag. Weiter ging es auch nicht, denn dort hörte die Straße auf.

Mein Mann kannte die Leute, die hier wohnten, schon vom letzten Jahr. Er sprach mit ihnen norwegisch und manchmal hatte ich fast den Eindruck, als könnten sie wirklich erraten, was er sagte. Sie waren von offener Herzlichkeit und freuten sich ganz ehrlich, daß Besuch kam. Ich staunte darüber, wie gut ihr Haus eingerichtet war. Es wirkte alles so wohlhabend, als wären wir bei einem großen Gutsbesitzer zu Gast. Und doch waren es Bauersleute, die nur einen Knecht hatten. Noch mehr staunte ich aber über die große, moderne Bibliothek, die sie besaßen, und über ihre Bildung. Aber wenn man den ganzen, langen Winter hindurch immerzu lesen muß, weil es sonst in dieser entlegenen Gegend keine Zerstreuung gibt, dann muß man wohl so gebildet werden.

Frau Vedal war besonders nett zu mir. Sie freute sich ja so sehr, daß sie in ihrer Einsamkeit auch mal einen weiblichen Gast hatte. Sie meinte nämlich, wie mir erst langsam klar wurde, daß ich bei ihr bliebe, während Hans hinter seinen Elchen herlief, und fiel aus allen Wolken, wie sie merkte, daß ich ja mit ihm gehen würde.
Übrigens war auf dem Hof noch eine junge Haustochter, sehr hübsch und mit straff anliegendem Pullover. Die war nicht besonders freundlich zu mir. Als es regnete, trug sie einen gelben Ölmantel, der am Kragen mit unverwischbarer Tinte ganz und gar bekritzelt war. Das ist so eine Sitte bei den norwegischen Teenagers. Sie geben mit den Namen ihrer Verehrer an. Die dürfen nämlich ihre Unterschrift auf den Kragen malen, wenn es das Mädel erlaubt. Das sei an sich ganz harmlos, erklärte mir Frau Vedal, und habe gar nichts zu bedeuten. Das will ich auch schwer hoffen, denn am Kragen von Fröken Hildur war das Autogramm meines Mannes nicht zu verkennen.
Zwei volle Tage dauerten die Vorbereitungen zum Abmarsch. Es wurden so viele Lebensmittel besorgt, als sollten wir im Urwald überwintern. Die gute Hausfrau fügte noch ein paar Pullover, noch ein paar Wolldecken und noch eine Ölhaut zu unserem Gepäck. Alles für mein Wohlergehen bestimmt. Aus ihrem Kopfschütteln war deutlich zu entnehmen, welch große Sorge sich die mitfühlende Frau um mich machte. Das war, wie sich bald zeigen sollte, durchaus berechtigt.
Bevor es am dritten Tage endlich losging, wurde all das viele Zeug auf einen Pferdekarren verpackt, der mit aufgepumpten, ganz großen und breiten Gummireifen versehen war. Dieses Gefährt wurde von einem kleinen, aber

gewiß sehr stämmigen Norweger-Pferd gezogen. Das hatte Lederschuhe an, unter denen runde Teller festgebunden waren. Sie sahen aus wie Schneereifen bei uns im Wilden Kaiser, nur kleiner.

»Das sind Sumpfteller«, erklärte mir Hans, »damit das arme Tier nicht im Modder versinkt.«

Da konnte ich mir schon denken, wie der Weg beschaffen war, dem wir folgen mußten. Es kam aber noch schlimmer, weil es gar keinen Weg gab.

Kaum hatten wir die Äcker, Felder und Weidegründe des Vedal-Hofes hinter uns gelassen, da waren wir auch schon mitten im wilden, nordischen Wald. Aber was die Leute dort einen Wald nennen, das sind nur einzelne Bäume oder Baumgruppen, die hin und wieder im Gelände stehen. Dazwischen liegen feuchte Wiesen, sumpfige Moore und stille Teiche. Es gibt auch eine Unmenge von dunklen Bächlein, die sich durchs Gelände schlängeln, die einen sehr gesprächig, die anderen ruhig und still. Überhaupt ist alles sehr wäßrig, und bei jedem Schritt sinkt man bis über die Knöchel ein. Es quatscht und quautscht unter den Füßen, daß man immerzu Angst hat, im Boden zu verschwinden.

»Stehenbleiben darfst du nicht, Kind!« rief mir Hans zu, als ich nur ein paar Sekunden ausruhen wollte, »wer stehenbleibt, der sinkt ein, stückweise und wird abgemeldet.«

Ich mußte an die ausgegrabenen Moorleichen denken, die wir uns im Museum angeschaut hatten, und eilte weiter, so schnellfüßig wie nur möglich.

Gegen Mittag ging es quer durch den Luru-Fluß, der etwa einen Meter tief und sehr reißend ist. Ich durfte mich dabei auf den Wagen setzen und das gute, kleine Pferd zog mich hinüber. Mein Jäger gab sich sportlich und ging mitten durch das strudelnde, eiskalte Wasser hindurch, ganz so wie er war. Es versteht sich von selbst, daß ich seine Tat mit vielen Worten pries. Männer haben das gerne.

Gegen Abend erreichten wir eine Holzfällerhütte aus riesig dicken Stämmen, mit einem Dach aus Gras. Es wuchsen sogar kleine Tannen darauf. Ich war so furchtbar müde, daß mir die Augen zufielen, kaum daß ich auf der harten Bank saß. Mein herzensguter Mann zog mir die Stiefel und Jacke aus, rollte mich dann in meinen Schlafsack und türmte Decken darüber. Ich sah nur noch, daß der Pferdeführer ein rauchiges Feuer machte, und wie Hans mit rostiger Axt eine Büchse Cornedbeaf aufschlug. Er hatte wohl keine Lust mehr, nach einem Öffner zu suchen.

Am nächsten Morgen ging es rings um den großen Andor-See herum, in dem viele Inseln schwammen. Diesen schönen Anblick hätte ich sicher gerne genossen, wäre ich nicht so schrecklich müde gewesen. Aber ich taumelte wie ein Schlafwandler durch die wildromantische Landschaft, krampfhaft bemüht, die beiden Männer nicht merken zu lassen, wie fertig ich war.

Dann kam das *Fjell,* wie die Norweger sagen, wenn sie vom Gebirge sprechen. Es sind das aber keine richtigen Berge wie bei uns, sondern nur Wölbungen im Gelände, deren Rücken ohne Wald sind. Durch Gestrüpp und dünnes Birkengehölz geht es hinauf, über feuchtes Moos und vermorschte Äste. Oben liegt dann graues Granitgestein und dazwischen wächst Moos, Wollgras und Rentierflechten. Es wimmelt von Schneehühnern, die bei uns im Wilden Kaiser eine große Rarität sind. Hier stehen sie überall auf, aber erst, wenn man ganz dicht an sie herankommt. Ihr Gekrächze hört sich gar nicht schön an.

Dann endlich kam der große Augenblick.

»Dort liegt Gresamoen«, sagte Hans und zeigte mir ein ganzes Dorf, das sich in der weiten Ferne blicken ließ, »dort werden wir für die nächsten Wochen zu Hause sein!«

Sie sah einladend aus, diese Siedlung, und bestand aus etwa einem Dutzend hölzerner Gebäude. Die Aussicht auf all die Annehmlichkeiten, welche wir dort finden würden, gab mir neue Kraft.

Das war auch nötig, denn bis wir endlich am Ziel waren, vergingen noch zwei gute Stunden und mehr. In so weiter Landschaft schätzt man die Entfernung meist viel zu gering ein.

Von den zwölf Häusern, die ich aus der Ferne gesehen hatte, waren elf ganz verfallen und das zwölfte zur Hälfte. Der einst so große und reiche Bauernhof war nämlich, im Zeichen der allgemeinen Landflucht, schon vor dreiundzwanzig Jahren verlassen worden. Nun war er herrenlos. Jeder, der Gresamoen haben will, kann es bekommen. Nur sind es halt zweiunddreißig Kilometer bis an die nächste Straße. Und was für Kilometer!

Drin im zwölften Haus, da huschten die Mäuse umher, und fast alle Fensterscheiben waren zerbrochen. Es gab nur ein paar wacklige Stühle, einen Tisch mit angebrochenen Beinen und droben zwei Kammern mit leeren Bettstellen. Die einstige Tapete hing in Fetzen von den Wänden.

»Na, da wollen wir's uns mal so recht gemütlich machen«, freute sich mein Jägersmann, »während ich einrichte, kannst du schon mal ein zünftiges Nordland-Schnitzel in die Pfanne hauen!«

Bis der baufällige Herd aus der guten, alten Wikingerzeit endlich in den Dienst trat, wäre ich bald erstickt in seinem Qualm. Nur gut, daß die Fenster kaputt waren und der viele Rauch hinaus konnte. Einar, unser Pferdeführer, schleppte ein paar Klafter Holz herbei und stellte auch ein Faß mit Quellwasser neben mich.
Gewiß kann man gegen die wilden Jäger eine ganze Menge von Unfreundlichkeiten sagen. Aber eines muß man ihnen lassen, sie denken an alles! Natürlich nur an all das, was notwendig ist. Und dazu gehörte der fehlende Hausrat für unser hiesiges Heim. Binnen zwei Stunden hatte mein Hans mit Einars Hilfe die verlodderte Bude doch tatsächlich in eine zünftige Jagdhütte verwandelt. Unsere Vorräte füllten die Regale und Fensterbänke, Töpfe und Pfannen, Teller und Tassen, Messer, Löffel und Gabeln hatten ihre Plätze gefunden. Die Petroleumlampe brannte, und die schadhaften Fenster waren mit Kistenbrettern vernagelt. Als schließlich auch die Betten mit Gummimatratze, Schlafsack und Wolldecken versehen waren, meinte ich selber, daß man es hier eine Weile aushalten konnte. Nur ganz nebenher muß ich doch erwähnen, daß mein persönlicher Koffer mit all den hübschen Sachen sportlicher Eleganz in Agle geblieben war. Aus Zufall und Versehen natürlich.
Am nächsten Morgen, als wir noch bei einem reichlichen Frühstück saßen, wurde plötzlich die Tür aufgestoßen und ein flinker, kleiner Mann trat ein, gefolgt von seinem Hund. Er grinste über das ganze Gesicht und entblößte dabei ein prachtvolles Gebiß. Weil seine Augen nach Mongolenart leicht geschlitzt waren, mußte das wohl ein Lappe sein.
Hans sprang auf, die beiden eilten sich entgegen, und es

begann ein Geschüttel aller vier Hände, das gar kein Ende nahm. Dazu wurde laut und dröhnend gelacht. Die beiden Jäger strahlten sich an wie Honigpferde auf Urlaub. So eine dicke Freundschaft war das!
»Is dat din Fru?« fragte der Kleine schließlich und zeigte mit dem linken Daumen in meiner Richtung.
Hans stellte mich dem Herrn Jaumo Jaunas vor, der von Beruf Rentierzüchter war, seiner Rasse nach Waldlappe und Jäger aus Leidenschaft. Hans hatte Jaumo schon im vorigen Jahr als Führer engagiert und war von ihm begeistert gewesen, sowohl menschlich wie auch sonst. Jaumo sollte nämlich noch ganz die alte Kunst des Lebens im Walde und vom Wald beherrschen. Die Lappen in Tröndelag, nur noch etwa hundertfünfzig an der Zahl, sind die südlichsten Lappen in Skandinavien und bilden einen besonderen Stamm. Heute nennt man das aber nicht mehr Stamm, sondern Rentierzüchter-Verband, wobei man wissen muß, daß nur Lappen Rentiere halten dürfen. Und von diesem Verband war unser Freund der Vorsitzende. Man kann's auch romantischer ausdrücken und sagen, daß Jaumo Jaunas Häuptling seines kleinen Stammes war.
Der Lappe musterte mich ganz ungeniert von oben bis unten, faßte aber dann sein abschließendes Urteil in die schlichten Worte: smukk og yndig skikkelig«.
»Er meint, du sähest ganz nett aus«, übersetzte mein Mann und schien richtig stolz darauf zu sein, daß ich dem Waldmenschen gefiel.
An ihm gefiel mir vor allem sein Hund, ein Wolfsspitz. Der war schwarz wie der Teufel mit ganz dickem, dichtem, glänzendem Fell und sehr intelligenten, goldgelben Augen. Er hielt sich eng an seinen Herrn.

Von der jagdlichen Begabung dieses Tieres, Tom geheißen, war mir schon viel erzählt worden. Natürlich wollte ich ihn streicheln.
»Ikke stryken . . . ikke stryken«, rief der Lappe aufgeregt, und Hans riß mich erschrocken zurück.
»Faß den bloß nicht an! Tom ist noch ein halber Wolf und beißt jeden, der ihm zu nahe kommt.«
»Mich hat noch nie ein Hund gebissen«, protestierte ich heftig.
»Aber der wird dich beißen, wenn du ihn nur mal scharf ansiehst.«
Ich sagte nichts, nahm mir aber im stillen vor, die Freundschaft Toms sehr schnell zu erwecken. Ich bilde mir nämlich ein, daß es keinen Hund auf Erden gibt, dessen Hundeherz ich nicht auftauen kann. Im übrigen geht auch beim wildesten Hund die Liebe durch den Magen.
Wie nicht anders zu erwarten war, hatte Freund Jaumo noch nicht gefrühstückt. Er war um fünf Uhr früh vom alten Sommerlager am Kilpis-See aufgebrochen und ohne Rast über Stock und Stein geeilt.
»Frag ihn, was er gerne haben möchte«, bat ich Hans, »Kaffee oder Tee, vielleicht auch ein Ei?«
Die Herren konferierten darüber.
»Er schlägt ein Kotelett vor, mit drei Spiegeleiern und, wenn möglich, einer herzhaften Portion Bratkartoffeln. Zum Nachtisch können wir ja eine Büchse Pfirsiche aufmachen.«
Das ließ ich mir zweimal sagen, denn es handelte sich ja wohlgemerkt um ein Frühstück. Wenn das so weiterging, hatte die Köchin nichts zu lachen, und die Vorräte reichten nicht.

C. ARNOLD

Immerhin belohnte mich der Gast für meine Mühe, indem er mir den Anblick eines zufriedenen Essers bot. Mit einer Brotrinde tupfte er das letzte Soßentröpflein ab, lehnte sich dann zurück und erklärte lächelnd, daß ich eine »fine kokkepike« sei.

An diesem Tag verzichteten die beiden Herren auf meine Begleitung bei der Pirsch. Ich sollte unterdessen Hausputz machen, meine Vorräte sichten, das Geschirr abwaschen und gegen Abend ein kräftiges Mahl bereithalten. Zunächst aber legte ich mich ins Bett, um meinen Muskelkater zu pflegen. Die Jäger würden ja doch erst bei Dunkelheit zurückkommen, und im Licht einer Petroleumlampe sieht kein Mann, ob Hausputz gemacht wurde oder nicht. Hauptsache, sie bekamen gleich bei ihrer Heimkehr etwas zu essen.

Da aber war mein Hans so erschöpft und ausgepumpt, daß er kaum noch einen Bissen herunterbekam. Freund Jaumo aber ließ nichts umkommen, er vertilgte auch die zweite Portion ohne jede Schwierigkeit. Dem Hunde hatte ich seinen Napf bis zum Rande gefüllt, und das kluge Tier begriff auch gleich, wem es das gute Freßchen verdankte. Tom wedelte nämlich mit seiner buschigen Rute ganz betont in meiner Richtung.

Wie aus den knappen und knurrigen Bemerkungen meines Gemahls zu entnehmen war, hatten die Jägersleute weder einen Elch noch eine Fährte dieses edlen Wildes gesehen.

»Vielleicht klappt's morgen«, hoffte Hans, bevor er todmüde ins Bett sank, »denn du hast mir ja schon oft Glück gebracht.«

Woraus ich unschwer schloß, daß ich morgen mit hinaus sollte.

Der Wecker rasselte um fünf in der Früh, und ich nahm all meinen Mut zusammen. Ja, ich lächelte sogar dem Tag entgegen, obwohl ich mir schon denken konnte, daß er hart sein würde.

Als Mannweib verkleidet und gegen Sturm wie Regen gewappnet, trat ich vor die Tür. Der Morgen war frisch und würzig, man atmete eine herrliche Luft. Tau glitzerte an Gräsern und Zweigen. Alles prangte in den wunderbarsten Herbstfarben. Der Norden war tatsächlich so bunt und so schön wie auf den Ektachrom-Bildern meines Mannes.

Der Lappe und sein Hund gingen vor, dann folgte Hans mit umgehängtem Gewehr, dahinter trottete ich und hatte weiter nichts zu tun, als den Anschluß zu halten.

Der Ausflug hätte mir gewiß großen Spaß gemacht, würde unser Anführer nicht gleich so schrecklich gerannt sein. Er war zwar klein, kaum einssechzig groß, und hatte kurze, krumme Beine. Aber mit denen lief er wie ein Wiesel über Stock und Stein und durch alle Bäche. Dazu schleppte er noch einen mächtigen, prallgefüllten Rucksack. Er blickte niemals hinter sich, sondern immer nur auf den nassen Boden, der für ihn wie ein Meldezettel dalag, worin sich jedes Tier mit Namen und Datum eingetragen hatte. Tom lief seinem Herrn voraus, an einer Leine von gut zwölf Metern Länge.

»Der Hund jagt mit der Nase gegen den Wind«, erklärte mir mein Mann die lappische Methode der Elchjagd, »und folgt nicht den Fährten wie unsere Hunde. Dafür kann er einen Elch kilometerweit wittern. Aber das funktioniert natürlich nur, wenn wir gegen den Wind marschieren.«

»Und wenn kein Elch da ist?«

»Der muß natürlich da sein, sonst kann's ja nicht klappen.«

Wie mir allmählich klar wurde, kann man bei einer »Gegen-denWind-Jagd« nicht dem bequemen Gelände folgen, sondern muß ziemlich stur der Windrichtung entgegenlaufen. Ganz gleich, ob sich ein Bergrücken vor uns wölbte, ein flottes Flüßchen die Richtung kreuzte oder ein verfilztes Gestrüpp im Wege lag, wir blieben linientreu, wir überstiegen, besiegten und durchwateten jedes Hindernis. Und das stets im stürmischen Tempo, ohne Ruhe und Rast, mit keuchenden Lungen und bleischwerem Morast an den Gummistiefeln.

Trotz aller Plage, sie zu durchqueren, erschien mir die Landschaft ganz wunderbar. Noch nie zuvor hatte ich so viele und so hübsche Bächlein an einem einzigen Tage gesehen wie hier. Und das Wasser von jedem Bach schmeckte anders.

»Da soll alles mögliche Zeug drin sein, das mächtig gesund ist«, behauptete mein Mann, »Eisen und Bullrichsalz, mit Spurenelementen oder so was. Bei uns daheim stünden hier überall Kurhäuser und Trinkhallen.«

Wir aber sahen kein Haus, keinen Weg, keinen Menschen, ja nicht einmal die Spur davon. Wir hatten »für die Saison« ein Jagdrevier gepachtet, das angeblich so groß sein sollte wie das ganze Fürstentum Liechtenstein. Aber bestimmt nicht so wertvoll. In diesem Gebiet wohnte kein einziger Mensch, darin wurde kein einziger Baum geschlagen, und nur zur Jagdzeit kamen vielleicht mal Fremde her, solche Leute wie wir.

Es ging durch lichte Birkenwälder und düstere Tannenhaine. Wir rannten über dickes, weiches, buntes Moospolster, stiegen auf buckligem Granit in das »Fjell« und turnten auf glitschigen Steinen durch Bäche und Flüsse.

Auerhähne gab es massenhaft. Sie flogen nicht weg, wenn sie uns erblickten, sondern liefen davon wie die Schatten. Ein Dutzend und mehr haben wir am ersten Tag gesehen. In Skandinavien jagt man sie im Herbst, während der Balz haben sie Schonzeit. Aber wir taten ihnen nichts, weil ja ein Schuß alle Elche weit und breit vertrieben hätte.

Endlich gegen Mittag warf Jaumo seinen Rucksack ab und hatte im Handumdrehen ein Feuer entfacht. Wie er das so schnell fertigbrachte, auf dem feuchten Moos und mit feuchtem Holz, ist mir ein Rätsel. Aber das war eben seine Kunst.

Mein Hans schien sich unendlich wohl zu fühlen bei diesem Leben. Er holte Wasser aus dem nächsten Bach und hängte den Kaffeetopf an einem Ast auf, den Jaumo schräg in den Boden rammte. An dem lappischen Topf klebte noch der Ruß von Großmutters Lagerfeuer, und der Bodensatz darin war fingerdick. Unser Freund schüttete eine ganze Handvoll grobgeriebenen Kaffee hinein und tat auch noch ein paar Blätter hinzu, die er im Gelände ausrupfte. Das sei eine ganz besondere »Lappenwürze«, belehrte mich mein Mann, ihre Zusammensetzung sei ein persönliches Geheimnis von Jaumo.

Speck und kleine Würstchen wurden an zugespitzten Stöckchen ins Feuer gehalten, bis sie brutzelten. Es war ein herrliches Picknick, kräftig und belebend. Meine Erschöpfung war wie weggeblasen. Ich fühlte mich wieder ganz frisch und war ehrlich zufrieden, mit von der Partie zu sein.

Der Lappe warf mir einen prüfenden Blick zu und sagte etwas zu meinem Mann, das ich nicht verstand.

»Er meint, du würdest mit der Zeit ganz gut laufen lernen«, übersetzte mir Hans und nickte auch seinerseits mit gewisser Anerkennung. Das Kompliment klang zwar nur bescheiden, aber aus dem Munde eines Waldlappen kommend, hatte es wohl doch eine stolze Bedeutung.

»Frag ihn doch mal, warum man keine Elche sieht«, bat ich Hans.

Der hatte mit seinem Freund ein langes Palaver, wobei er in seinem Taschenlexikon immer wieder nach den passenden Wörtern suchen mußte.

»Er sagt, es seien Wölfe im Revier.«

»Wölfe – richtige Wölfe, hier in der Nähe?« stammelte ich. Nie war mir der Gedanke gekommen, daß hier im friedlichen Norwegen noch so gräßliche Raubtiere vorkamen.

»Jaumo sagt, daß sie viele Jahre hindurch völlig verschwunden waren. Erst im vorletzten Winter sind sie wiedergekommen, auch drüben in Schweden gibt es jetzt wieder Wölfe. Viele sind's bestimmt nicht, aber sie haben das Wild so furchtbar vorsichtig gemacht.«

»Also, mir ist das unheimlich«, gab ich zu, »Wölfe können doch auch Menschen anfallen!«

»Ach was, das tun sie doch nur, wenn sie sehr hungrig sind«, beruhigte mich Hans. »Aber keine Angst, mein Kind, wir Männer passen schon auf.«

Es krachte hinter uns im Wald, und ich fuhr schreckhaft zusammen. Aber es war nur unser Hund, der vom Bach zurückkam.

Am Nachmittag endlich wurden frische Elchfährten gefunden. Die Aufregung war groß, aber die Stunde schon zu spät, um noch etwas zu unternehmen. Immerhin konnten die Männer aus den Fährten sehen, wohin das Rudel gezogen war. Sie wollten den Tieren morgen nachgehen.

Für den Heimweg brauchten wir drei volle Stunden und kamen erst bei Dunkelheit nach Gresamoen. Die Waidmänner ruhten sich aus, und ich machte das Abendessen. Von dem Gewaltmarsch hatte ich ein Dutzend dicker Blasen an den Füßen. Das war gut so, denn so durfte ich am nächsten Tag daheim bleiben. Dabei konnte ich noch sagen, wie leid es mir täte und wie wahnsinnig gerne ich wieder mitgekommen wäre.

Als die beiden spät in der Nacht heimkehrten, war ihre Stimmung glänzend. Zwar hatten sie nichts geschossen, aber doch viel gesehen. Ein Rudel von zehn bis zwölf Elchen stand beim Luru-Fall in einem kleinen, aber dichten Waldstück. Darunter sollte ein hochkapitaler Bulle sein mit besonders breiten Schaufeln. Und auf solche Schaufeln kam es ja an! Denn es gibt Elche mit Stangen auf dem Kopf, die nichts wert sind, und andere mit Schaufeln, die alles wert sind. Je breiter, je dicker und je gezackter diese Schaufeln gebaut sind, desto kapitaler ist die Trophäe. So meinen das die Jäger und können nächtelang darüber diskutieren. Auch Jaumo war ganz begeistert von diesem Prachtelch und redete so schnell, daß Hans nichts mehr davon verstand.

Mit dem »gefährlichen« Wolfsspitz aber verstand ich mich prächtig. Es gefiel dem braven Tom gar sehr, wie gut ich seinen Napf füllte. Ganz nah kam er an mich heran und ließ sich widerspruchslos streicheln.

Als der Wecker um fünf in der Früh wieder rasselte, war ich gar nicht so bestürzt darüber, daß mir nun ein furchtbar anstrengender Tag bevorstand. Zu meinem eigenen Erstaunen hatte ich ganz von selber Lust auf eine schöne, lange Wanderung. Irgendwie hatte mich dieses Land und

dieses Leben verwandelt. Ich fühlte mich so wohl wie noch nie. Es scheint eben doch, daß der Norden sehr gesund und die herbe, kühle Luft ein rechter Jungbrunnen ist.
Jaumo stopfte seinen Rucksack noch voller als sonst, nahm auch seine Axt mit und wollene Decken. Nur gut, daß ich nicht wußte, was er damit alles vorhatte. Mein Mann wußte es, wie sich nachher zeigte, sagte mir aber nichts davon.
Abermals stiegen wir über Berge, wateten durch Flüsse und kamen an tosenden Wasserfällen vorbei. Gegen Mittag erreichten wir den Einstand der Elche, nur waren die leider fortgezogen. Und zwar gegen den Wind, wie die Waidmänner feststellten. Das war gut so, denn nun konnten wir gleich »gegen den Wind« hinterher. Selbstverständlich im höllischen Tempo. Der Hund zerrte wie toll an der langen Leine, er hatte die Elche im Wind und seine wilden Instinkte waren erwacht. Wir hasteten und wir stolperten, wir rannten über Stock und Stein. Angeblich hören die Elche schlecht, sonst wäre es ja eine Dummheit gewesen, so viel Krach zu machen. Ich schlug mir ein Knie auf und bekam einen nassen Zweig ziemlich brutal ins Gesicht. Aber die Leidenschaft dieser Verfolgung hatte auch mich friedliches Weib mit Spannung geladen.
»Riechst du was?« wandte sich Hans keuchend nach mir um. »Ich rieche Elche!«
Ja, ich roch etwas, aber das roch schon sehr übel.
Unser Lappenfreund hatte es natürlich viel früher als wir bewittert. Er rief nur »Elgengruve« und lief dann noch schneller als zuvor. Plötzlich hielt er an und zeigte begeistert auf ein Loch im Boden. Aus diesem Loch stank es fürchterlich.

»Donnerwetter«, freute sich mein Hans, »eine aktive Brunftgrube.«
»Was ist denn das?« fragte ich und hielt mir die Nase zu.
»Das ist . . . wie soll ich sagen . . . eine Art von Klosett«, erklärte mein Mann und suchte nach passenden Worten. »Wenn nämlich so ein Elchbulle brunftig wird, dann löst er sich in so eine Grube hinein. Immer an der gleichen Stelle . . . wochenlang. Das Ganze zermantscht er mit seinen Schalen zu einem dicken Brei . . . «
»Pfui Teufel, so ein Ferkel . . .«
»Gar keine Ferkelei«, tadelte Hans meinen Ausruf, »das hat ganz natürliche und praktische Gründe. Die Grube soll ja stinken, so weit wie möglich stinken.«
»Das tut sie denn ja auch . . . aber wozu ist das gut?«
»Damit die Damen kommen . . . gnädige Frau, der Herr Elch will sie damit anlocken.«
Nun hat unsereins ja wirklich nichts mit Elchkühen gemein, aber ich fand es trotzdem empörend und beschämend, wie sich das weibliche Geschlecht bei dieser Art von Tieren benahm.
»Also, ich meine, so ein Elch könnte sich da wirklich etwas ausdenken, das appetitlicher ist.«
»Warum denn, mein Kind? In der Natur geht's nun mal nicht nach ästhetischen Gesichtspunkten. Der Zweck heiligt die Mittel, auch wenn sie nach unserer Auffassung nicht gut riechen.«
Unser Jaumo holte ein großes, graues Tuch aus seiner Tasche, wischte damit ausführlich in der eklen »Elgengruve« herum und legte es sich dann . . . um den Hals!
»Das überdeckt die menschliche Witterung und täuscht den Elch«, sagte mein Mann und nickte zustimmend.

Alsdann holte er sein eigenes Tuch aus der Tasche. Aber schnell hielt ich ihn fest.

»Nein, Hans . . . nein! Das geht entschieden zu weit . . . ich bitte dich!«

Tiefgekränkt wandte er sich von mir ab, war aber doch so vernünftig, sein Taschentuch wieder einzustecken.

»Nun gut, wenn du eben nicht willst, daß ich meinen Elch bekomme . . .!«

Der Hund zerrte weiter, Jaumo rannte hinterher, Hans folgte ihm dicht auf den Fersen, und sechs Schritt weiter zurück keuchte ich durch das nordische Gelände.

Was dann passierte, habe ich bis heute noch nicht begriffen. Der Tom war plötzlich von der Leine los und stürmte mit Gekläff in ein dunkles Waldstück. Jaumo schrie meinem Mann etwas zu, und im Dickicht, dort, wo der Hund verschwunden war, gab es fürchterlichen Krach. Mit einem Male sah ich überall riesige, graubraune Tiere durcheinanderlaufen, so groß wie Pferde und mit dicken Köpfen. Zweige knackten, die Erde polterte. Da fiel ich über eine Wurzel und fast wäre so ein Ungetüm auf mich getreten. Es krachte ein Schuß, daß mir die Ohren dröhnten, dann nochmal zwei Schüsse ganz schnell hintereinander. Der Hund bellte wie verrückt, und die beiden Männer brüllten sich was zu.

Als ich wieder auf meine zitternden Beine kam, sah ich Hans zwischen dem Gebüsch stehen, vor ihm lag ein großes, fellbezogenes Tier. Das Gewehr rauchte noch.

»Hast du . . . hast du einen Elch geschossen?« rief ich und lief auf ihn zu.

»Nee . . . es war nur ein Hase«, sagte er und zitterte noch vor Erregung.

Es war natürlich ein Elch, und der hatte zwei Schaufeln auf seinem Haupt, die so breit waren, daß man sich hineinsetzen konnte.
»Der ist doch gut, nicht wahr?« wollte des Waidmanns Weib schüchtern wissen.
»Nein, ein guter Elch ist das nicht, mein Schatz«, sagte er listig, »dafür aber ein sehr guter ... ein hochkapitaler ... ein ganz großartiger Schaufler!«
Ich fiel ihm um den Hals, wie sich das gehört, und wünschte Waidmannsheil! Sodann hielten wir jene »stille Minute« ab, wie das nach altem Jägerbrauch so üblich ist. Die schweigsame Pause ging vorüber, und die beiden Männer krempelten sich die Ärmel hoch. Jetzt begann die »rote Arbeit«, also das Ausnehmen. Das ist schon bei Reh und Gams nicht schön, bei einem riesigen Elch aber scheußlich für jeden, der so etwas nicht gewohnt ist. Als das Messer in die Bauchhöhle fuhr, ging ich abseits und ließ mich an einem hübschen Murmelbach nieder. Ich schaute dem Wassermoos zu, das von den flinken Wellen gekämmt wird, und hing meinen Gedanken nach. Als junges Mädchen hatte ich mir oft ausgemalt, was ich alles für interessante Ferienreisen mit meinem Mann unternehmen würde. Und nun saß ich in nordischer Wildnis, und mein Mann war voller Eifer damit beschäftigt, zusammen mit einem Waldlappen einen Elch sachkundig zu zerlegen. Die Wirklichkeit übertraf bei weitem alle meine damalige Phantasie.

Als ich auf meine Uhr sah, war es schon fünf Uhr. In einer Stunde mußte es schon dunkel werden, und wir hatten einen entsetzlich weiten Weg nach Hause. Erschrocken stand ich auf und lief zu den Männern. Der Anblick ihrer

blutbesudelten Hände ließ mich erschauern, aber sie grinsten freundlich und schienen sehr zufrieden mit sich.
»Aber wir müssen doch zurück nach Gresamoen, es wird ja bald dunkel.«
»Dazu ist es nun zu spät, Kind. Wir schlafen hier im Wald!«
»Aber . . . aber wenn's regnet«, stammelte ich, »und bei der Kälte nachts.«
»Jaumo hat schon eine Büstakron ausgesucht, da wird's ganz gemütlich sein.«
»Eine was, bitte . . . hat er ausgesucht?«
»Eine Büstakron ist ein Baum, durch den es nicht hindurchregnen kann. Um solche Bäume zu erkennen, muß man schon ein Lappe sein oder so etwas ähnliches. Unsereins kann das nicht so recht beurteilen. Verlaß dich nur auf Jaumo, der weiß auch, daß es regnen wird heute nacht. Ich hab's schon ausprobiert im vorigen Jahr und bin nie naß geworden nachts im Wald.«
Was sollte ich da noch viel sagen. Für den Rückweg war es tatsächlich zu spät, wir mußten schon hierbleiben. Aber wir hatten kein Zelt mit, keine Schlafsäcke, keine Kopfkissen, rein gar nichts.
Einträchtig zogen die beiden »Schlächtergesellen« zum Bach und wuschen sich ihre Hände in dem eiskalten Wasser.
Inzwischen wurde von Tom schwere Arbeit geleistet. Er hatte eines der langen Elchbeine gepackt und schleppte es mit großer Mühe in den Wald. Ich wollte nachgehen, um zu sehen, was er damit machte.
»Tu das nicht, Liebling!« rief mein Mann mir zu. »Tom will nicht, daß irgend jemand sieht, wo er seinen Schatz vergräbt. Wenn du ihm nachspionierst, so nimmt er das

sehr übel und fällt dich an. Dann bricht der Wolf in ihm durch.«

Nach einer Weile kam der Hund zurück, sah mich prüfend an und holte das nächste Bein.

Hans war inzwischen fertig mit seiner Wascherei und zog die Jacke wieder an.

»Jaumo behauptet, daß der Hund seine vergrabenen Elchbeine auch nach Jahren wiederfindet. Er holt sie dann heraus und nagt daran herum. Es sind halt *seine* Trophäen.«

Jaumo kam zurück, und es wurde höchste Zeit, das Nachtlager zu richten. Es fielen mir schon ein paar dicke Tropfen ins Gesicht. Unser Lappenfreund stapfte schweigend zu einer großen Fichte und erklärte, daß sie eine »büstakron« sei. Ansehen konnte man ihr das nicht, denn ringsum die anderen Fichten sahen genauso aus. Aber wenn Jaumo meinte, daß sie wasserdicht sei, so mußte es wohl stimmen. Er schleppte nun eine Menge von Tannenzweigen herbei und legte sie neben den Stamm der Büstakron. Immer mehr von solchen Zweigen kamen hinzu. Hans schichtete sie sorgfältig übereinander, und ich begriff, daß auf diese Weise ein Bett entstand, und zwar für mich. Es war sogar ein gutes Bett, weich und federnd, mit einer Matratze aus duftenden Tannenzweigen. Zum Schluß kam noch meine Wolldecke darauf und als Kopfkissen diente eine alte Strickjacke. Mit dem Mantel konnte ich mich zudecken. Das konnte mir gewiß nicht viel helfen in der kalten, langen Nacht. Aber ich würde es schon irgendwie aushalten, beklagen wollte ich mich auf gar keinen Fall. Schon weil das wohl auch gar keinen Zweck gehabt hätte.

»Der Mantel wird dir zu warm werden«, meinte Hans fürsorglich, »so nahe am Feuer.«

»Aber das brennt doch nicht die ganze Nacht . . .«
»Selbstverständlich brennt's die ganze Nacht, und zwar ohne Nachlegen, du wirst schon sehen.«
Jaumo baute diesen nächtlichen Scheiterhaufen mit ernstem Gesicht und ließ sich dabei nicht helfen. Obwohl ich seine aufmerksame Zuschauerin war, kann ich doch nicht richtig erklären, wie so etwas gemacht wird. Es war jedenfalls ein Meisterwerk, über das man staunen muß.
Die Grundlage war vermorschtes, feuchtes Holz aus längst gestorbenen Stämmen. Darüber kam eine Lage von dicken, trockenen Ästen, darüber graues Moos. In dieses Moos wurden dünne, kleine Zweige gesteckt und drum herum große Holzklötze aufgestellt. Jetzt wurde angezündet, wobei als feines Brennsel die untere, papierdünne Lage von alter Birkenrinde diente. Und wie nun die trockenen Zweige zu flackern und zu knistern begannen, da baute der Lappe seinen Scheiterhaufen rings um die Flammen höher und immer höher. Zum Schluß deckte er das Feuer mit Moos, Gestrüpp und einer Unmenge von verfaultem und feuchtem Holz zu.
Soviel ich verstanden habe, ist es der Sinn dieser Anlage, das Holz am schnellen Verbrennen zu hindern. Es soll nur glimmen und glühen, mindestens zwölf Stunden lang. Und das war auch wirklich der Fall. Wir lagen die ganze Nacht über in wohliger Wärme, keinen Augenblick habe ich gefroren.
Auch die Büstakron war so dicht, wie Jaumo es versprochen hatte. Als es zu regnen begann, und zwar recht heftig, da kam kein Tropfen durch den Baum. Ich kann gar nicht beschreiben, welche Hochachtung ich für unseren Waldmenschen empfand.

Auf dem Dauerbrandofen konnten wir kein Abendessen machen. Die Flammen verbargen sich ja in seinem Innern. Also wurde ein zweites Feuer entfacht, das lustig und frei prasselte. Es gab Elchfilet am Spieß, geröstetes Knochenmark, Kaffee und scharfen Schnaps. Mit dem Nachtlager in nordischer Wildnis war ich völlig versöhnt und ich teilte von Herzen das Glück meines Mannes, der ganz beseligt war von seinem starken Elch.

Der Regen rauschte, rot glühte unser Dauerfeuer in der Dunkelheit, und sein Rauch stieg im weißen Spiel zu unserer Büstakron hinauf.

»Liegst du gut, Marianne?«

»Ja, ich lieg prima und finde alles wundervoll.«

»Das freut mich, dann schlaf gut!«

»Du auch, Liebster«, flüsterte ich. Aber Hans hörte mich nicht mehr, denn er schlief schon.

Gerade wollte auch ich die Augen schließen, da heulte jemand in der Ferne. Es hörte sich an wie ein langgezogenes Huu... hhu, das an- und wieder abschwoll.

»Du, Hans, was ist das?« Es half nichts, ich mußte ihn wecken.

Huu . . hhu, heulte es wieder und zwar schon etwas näher.

»Das bedeutet nichts, Kind«, versuchte Hans mich zu beruhigen, »das sind nur irgendwelche Vögel. Laß dich nicht davon stören!«

Es störte mich aber doch. Denn gleich ging es wieder los, dieser schreckliche, unheimliche Gesang.

»Bare ulv . . . lukte elgenflesk«, hörte ich den Lappen sagen.

»Hans«, schrie ich entsetzt und richtete mich auf meinem

C. ARNOLD

Lager auf, »ulv . . . das heißt doch . . . das ist doch das norwegische Wort für . . . für Wolf!«

»Und wenn schon«, meinte mein Mann völlig unbewegt. »Die wollen wirklich nichts von uns, Jaumo meint, der frische Blutgeruch hätte sie angelockt. Du kannst ruhig weiterschlafen.«

Damit drehte sich der Unmensch auf seinem Lager um und schien allen Ernstes wieder einschlafen zu wollen.

Das ging denn doch wirklich zu weit. Wie er sich das vorstellte? Eine Frau kann doch nicht ruhig weiterschlafen, wenn hungrige Wölfe um ihr Nachtlager heulen.

Ich holte tief Luft, um meinem Lebensgefährten mit ebenso knappen wie energischen Worten zu erklären, was nunmehr seine Pflicht sei. Denn wenn er schon mit mir im Walde nächtigte, und zwar in einem Walde, in dem Wölfe spazieren gehen, so konnte ich doch wohl erwarten, daß er mit geladener Büchse neben mir Wache hielt.

Da fühlte ich plötzlich eine kalte, feuchte Hundeschnauze an meiner zitternden Hand. Tom, dieser wilde Lappenhund, den nach Aussage seines Herren kein Fremder anfassen durfte, er kam zu mir, schmiegte sich dicht an mich und rollte sich seufzend auf meinem Lager zusammen.

Na also, auch dieses Hundeherz hatte ich gewonnen. Tom hatte mehr Verständnis für mein ängstliches Gemüt als mein eigener Mann. Er kroch zu mir, um mich zu trösten und zu beschützen.

Oder . . . oder suchte er vielleicht nur Schutz bei mir vor seinen wilden Ahnen? — — —

TIGERSCHUSS AUS LOGIK

Eigentlich wollte ich gar keinen Tiger schießen. Ganz im Gegenteil, hoffte ich doch von Herzen, daß mein Jägersmann sobald wie möglich Schluß machen würde mit dieser Tigerjagd, damit wir endlich nach Bali kämen. Denn diese Insel der Träume und Tänze sollte unser nächstes Ziel sein. Jeder Tag, den wir noch länger in diesem unheimlichen Sumatra verbrachten, der fehlte uns nachher auf Bali. Aber mir war natürlich vollkommen klar, daß Hans niemals die Urwälder Sumatras verlassen würde, ohne daß er seinen Tiger hatte. Das war der einzige Grund, weshalb ich so daran interessiert war, daß ihm so ein Raubtier baldigst zum Opfer fiel.

Tigerjagd – das ist gewiß ein aufregendes Wort. Auch ich habe mir früher einmal vorgestellt, so was müßte ungemein spannend sein und voller Abenteuer. Hoffentlich werden keine allzu großen Illusionen zerstört, wenn ich aus dem Lichte meiner inzwischen gemachten Erfahrungen sagen muß, daß eine Tigerjagd in Wirklichkeit eine ganz und gar langweilige Sache ist und nicht viel Spaß macht. Mir jedenfalls nicht. Das große Erlebnis und die vielgerühmte Spannung dauert nämlich nur wenige Minuten, vielleicht nur Sekunden. Und zwar sind das die Augenblicke zwischen dem Erscheinen des Tigers und seinem Ende im – hoffentlich gut gezielten – Schuß. Alles andere besteht aus Warten und Schwitzen, aus Enttäuschungen und Durst, aus Schmutz, Mücken und Moskitos. Und dafür reist so ein Jäger um die halbe Erde und arbeitet jahrelang, nur damit er sich Plage wie Mühsal einer Tigerjagd leisten kann. Aber ich darf nicht ungerecht sein, immerhin

sollten sich ja echte Ferien auf Bali anschließen. Wenn es doch nur endlich soweit wäre!
Vorläufig war noch kein Tiger bereit, sich erschießen zu lassen. Dabei gibt es sehr viele Tiger auf Sumatra, sogar viel mehr als früher. Denn die Holländer, denen früher all die großen und kleinen Inseln gehörten, die heute unter dem Namen »Indonesien« eine selbständige Republik bilden, sind zum größten Teil vertrieben worden, und jene wenigen, die noch da sind, dürfen keine Waffen mehr führen. So traurig das auch für die Holländer ist, so sehr wird das von den wilden Tieren begrüßt. Vor allem können sich die Tiger ins Fäustchen lachen oder, besser gesagt, in die Pranken. Denn seit dem Abzug der Holländer gibt es eigentlich niemanden mehr, der auf sie Jagd macht. Erstens ist der Besitz von Feuerwaffen auch für die Eingeborenen streng verboten, weil dauernd Unruhen sind, und zweitens lohnt es sich ja für die Landeskinder gar nicht, einen Tiger zu schießen.
Genauso wie in Afrika ist das freilebende Tier für die dortigen Eingeborenen nur »Fleisch, das läuft«. Und weiter nichts. Die herrlichste Trophäe wird fortgeworfen. Man verwendet nur, was eßbar ist. Selbst das wunderschönste Tigerfell ist ja nur dort für den eingeborenen Jäger von Nutzen, wo es Leute gibt, die es haben wollen und gut dafür bezahlen. Bis zu diesen Leuten aber gelangt das Fell nicht. Denn im Hinterland von Sumatra gibt es niemanden mehr, der so ein Fell präparieren kann. Es fehlen hierzu die Chemikalien und die Kenntnisse, wie man so etwas konserviert. In der schrecklichen Hitze und Feuchtigkeit der Tropen hält sich die frische, auf der Innenseite schweißige Haut kaum einen Tag lang, sie muß gleich behandelt

werden. Außerdem setzen sich alsbald Millionen von Ameisen in Marsch, wenn irgendwo so ein fleischiger Lappen liegt. Weil wir das alles vorher wußten, hatten wir uns aus dem fernen München Salben und Pulver mitgebracht, um das Fell und den Schädel des Tigers zu retten, der sich aber bisher noch nicht zeigen wollte.

Wie gesagt, hatten sich die sumatranischen Tiger reichlich vermehrt, seitdem ihnen niemand mehr nachstellte. Andere Großwildjäger waren meines Wissens seit dem letzten Krieg nicht mehr nach Sumatra gekommen. Indonesien liebt die Weißen nicht, und schon gar nicht solche, die mit Schußwaffen kommen. Wie es Hans gelang, trotz allem die Jagderlaubnis und den indonesischen Waffenschein zu bekommen, diese Geschichte ist zu lang, um hier erzählt zu werden. Nur seine große Jagdpassion hatte ihm genügend Ausdauer gegeben, den dornenreichen Papierkrieg glücklich zu beenden.

Für uns war es jedenfalls von großem Vorteil, daß Indonesien dem fremden Jäger so gut wie verschlossen ist. So war denn in Sumatra noch niemand auf die Idee gekommen, an den ausländischen Waidmännern Geld zu verdienen. Der Jagdschein kostete gar nichts. Statt Geld für »ihre Tiger« zu fordern, flehten uns die Dorfbewohner an, möglichst viele davon zu schießen. Und für menschenfressende Tiger gab es von der Regierung sogar noch eine kleine Prämie. Dafür fehlte andererseits aber auch jedwede jagdliche Organisation.

Wir bemühten uns schon drei Wochen und hatten auch von Ferne noch keinen Tiger gesehen. Ich glaube, es lag einfach daran, daß wir niemand fragen konnten, wie denn eigentlich diese Jagd in Sumatra gehandhabt wird. Keinen

Menschen gab es mehr weit und breit, der jemals einen Tiger geschossen hatte. Immer wieder wurde uns gesagt, es sei eben früher nur den Holländern erlaubt gewesen, und die hätten gewußt, wie man so etwas macht. Auch die Polizei kümmerte sich nicht sonderlich um die Tiger, obwohl es in unserer Gegend einen »maneater« gab, also einen, der sich hin und wieder Menschen zum Fraß holte. Die Bevölkerung bestand fast ganz aus Mohammedanern, und die nehmen bekanntlich jeden Schicksalsschlag, auch Verluste an Mensch und Vieh, als Fügung hin. Allah hat es halt so gewollt. Wer vom Tiger gefressen wurde, das war bereits vorausbestimmt, dagegen konnte man gar nichts machen. Auch war man seit Menschengedenken daran gewöhnt, daß sich die Tiger ab und zu Hühner, Ziegen, Hunde und Schweine holten. Das gehörte eben dazu, so wie bei uns Hagelschlag oder sonstwie natürliche Verluste.

Auf der langen Schiffsreise hatten wir alle Bücher über Tigerjagd studiert, die wir in München erreichen konnten. Aber die befaßten sich samt und sonders mit Jagden in Indien und Malaya. Stets war der weiße Jäger hierbei von seinem »Shikari« unterstützt worden, worunter ein kenntnisreicher eingeborener Jagdgehilfe zu verstehen ist. Auch wußte man dort immer schon vorher ziemlich genau über die Lebensgewohnheiten jenes ganz bestimmten Tigers Bescheid, um den es ging.

Wir aber wußten gar nichts. Zwar hatten wir auf dem Schiff emsig die malaiische Sprache studiert, so daß wir uns nun einigermaßen verständigen konnten, aber zweckdienliche Auskünfte zu erlangen, war unmöglich. Die Leute saßen und lagen bei Nacht ängstlich in ihren

Hütten, die auf Pfählen standen. Auch bei Tage wagten sich die meisten Menschen nicht weiter als bis zu ihren Reisfeldern. Wenn einem Tiger der Sinn nach frischem Ziegenfleisch stand, so schlenderte er bei Nacht ungeniert mitten durchs Dorf, brach in den nächstbesten Stall ein und holte sich, was er haben wollte. Niemand störte ihn dabei. Tagsüber lagen die Untiere im Dschungel und schliefen sich aus. In diesen feuchten, undurchsichtigen, halbdunklen Wald drang niemand ein. Es gab dort auch keinen Pfad, dafür aber schwarze Kobras, deren Biß absolut tödlich ist.

Wir wohnten bei dem Verwalter einer Gummiplantage in einem hübschen kleinen Gästehaus. Er und seine Frau waren das letzte holländische Ehepaar in der ganzen Provinz, im nächsten Jahr sollten auch sie nach Hause. Leider war Mynheer van Dongen nie Jäger gewesen, Tigerjagdauskünfte waren von ihm nicht zu erhalten. Ebensowenig von Tuan Amur, einem Javaner, der Dongens rechte Hand war. Er wußte weiter nichts über Tiger zu sagen, als daß sie böse seien. Sie kämen bei Nacht auch in die Gummiplantage und machten dort Jagd auf Wildschweine. Die halten sich nämlich gern in solchen Pflanzungen auf, wo sie nach den fetthaltigen Früchten der Gummibäume wühlen. War nicht gleich ein schmackhaftes Wildschwein zur Hand, so begaben sich die gestreiften Räuber ins Dorf der Plantagenarbeiter und schnappten sich dort ein zahmes Schwein oder eine Ziege.

Jeden Morgen fuhren wir mit unserem mitgebrachten Volkswagen die umliegenden Dörfer ab, um zu hören und zu sehen, was etwa über Nacht dort ein Tiger unternommen hatte. In den drei Wochen, die wir nun schon hier waren, hatte es kaum eine Nacht gegeben, da nicht irgendwo ein Haustier gerissen wurde. Auch einen elfjährigen Jungen hatte sich der menschenfressende Tiger geholt. Wie uns die Leute sagten, waren im Laufe dieses Jahres schon elf Menschen dem gräßlichen »maneater« zum Opfer gefallen. Ganz alt sollte er sein und auf einem Auge blind, weshalb er kein flinkes Wild mehr verfolgen konnte.

»Mir scheint, man kann damit rechnen«, sagte Hans eines Tages, »daß jeder Tiger seine mehr oder minder regelmäßige Runde durch die Gegend zieht. Alle acht bis zehn Tage, meine ich, sucht er wieder das gleiche Gebiet heim. Und wenn's nicht derselbe Tiger ist, dann kommt jedenfalls ein anderer.«

Wir hatten genau Buch geführt während dieser Zeit, und überall Kreuzchen gemacht auf unserer Landkarte, wo ein Tiger sich etwas geholt hatte, auch das Datum dazugeschrieben.

»Er betritt ein Dorf immer aus derselben Richtung«, erklärte Hans, »und verläßt es nachher wieder auf dem gleichen Weg. Immer kommt er aus dem Dschungel und geht mit seiner Beute in gerader Linie wieder dorthin zurück.«

Ich nickte und glaubte ihm alles, was er sagte.

»Hier ...«, zeigte er mir auf einem Lageplan der Plantage, »hier an dieser Stelle ist während der letzten vierzehn Tage zweimal ein Tiger aus dem Wald gekommen, um sich aus dem nächsten Dorf eine Ziege zu holen.«

So war es gewesen. Wir hatten seine Spur bis zu einem kleinen Wasserlauf verfolgt, hinter dem gleich der dichteste Dschungel begann. Eine widerliche, ganz lange, schwarze Schlange war im Zickzack durch die trübe Flut

geschwommen. Ich bekam jetzt noch Angst, wenn ich daran dachte.
»An diesem romantischen Gewässer«, fuhr mein Mann fort, »werden wir eine Ziege anbinden und im nächsten Baum so lange ansitzen, bis der Tiger wiederkommt.«
Hans war offenbar der Ansicht, daß es mir einen riesigen Spaß machen würde, mehrere Nächte im Geäst eines Gummibaumes zu verbringen. Denn mit großzügiger Geste lud er mich dazu ein. Einmal mußte ich ja wohl mitmachen, ich war ja schließlich seine Frau. Aber dieses eine Mal mußte genügen!
Mynheer van Dongen teilte uns zwei seiner Leute zu. Die nagelten nun, etwa fünf Meter über dem Boden, ein paar Bretter in der Krone jenes Gummibaumes fest, den sich Hans aus irgendwelchen strategischen Gründen ausgesucht hatte. Eine wacklige, schmale Leiter, an Ort und Stelle gefertigt, führte zu diesem Ansitz hinauf. Pangu nennt man dergleichen auf malaiisch. Der Baum gehörte zur letzten Reihe der Plantagenbäume, etwa zehn Meter weiter begann der Dschungel, der sicher ein paar hundert Kilometer tief war und bis zum Pazifischen Ozean, auf der anderen Seite von Sumatra, reichen mochte. Die Ziege kostete nach deutschem Geld etwa 9 Mark, wir kauften sie von einem Plantagenarbeiter. Sie wurde an einem Pflock festgebunden und ahnte natürlich nicht, für welch grausamen Zweck sie bestimmt war.
Eine Stunde vor Dunkelwerden baumten wir auf. Nie hätte ich für möglich gehalten, daß eine Nacht so lang sein kann, wie es diese Nacht gewesen ist. Rühren durfte ich mich nicht. Das war streng verboten, weil so ein Tiger angeblich bei Nacht genauso gut sehen kann wie ein Adler

bei Tage. Und was er alles hören kann, das ist phänomenal! Hans behauptete, gelesen zu haben, daß der König des Dschungels hundert Meter weit hören kann, wenn ein Mensch zu heftig atmet. (Jäger übertreiben gern!) Ganz besonders vorsichtig ist der Tiger, bevor er aus dem Urwald herauskommt. Da liegt das Untier erst stundenlang auf der Lauer und prüft mit Ohren und Augen, ob ihm wirklich keine Gefahr droht.

Moskitos umschwirrten uns, Ameisen bekrabbelten mich. Vom langen Sitzen bekam ich Krampf in den Waden und hatte außerdem schrecklichen Durst. Mein Mann saß stur und still neben mir, unbeweglich wie ein Ölgötze, vom Kopf bis Fuß auf Tiger eingestellt. Ich glaube allen Ernstes, daß ihm dieses endlose Warten auch noch Spaß machte. Denn jenen Männern, denen die Jagd tatsächlich im Blut liegt, denen genügt zur Jagdfreude schon die Tatsache, daß etwas kommen könnte. Die Mauser lag griffbereit über seinen Knien; und auf der Stirn trug er eine Lampe, die er mit der linken Hand anknipsen konnte, sobald der Tiger auf die Ziege sprang.

Aber er sprang nicht, er kam nicht, und wir hörten nichts. Nach fast dreizehnstündigem Ausharren kletterten wir mit steifen Beinen und zerstochenen Gliedern wieder zu Boden und stapften unserem Volkswagen entgegen.

Wie nun der Nachmittag kam und Hans seine sieben Sachen für eine neue Nachtwache zusammentrug, bekam ich leider recht heftige Kopfschmerzen.

»Hoffentlich keine Malaria«, sorgte sich mein guter Mann, »auf jeden Fall ist es besser, wenn du heute auf den Pangu verzichtest. Tut mir leid für dich, Schatz, aber deiner Gesundheit zuliebe mußt du das Opfer bringen.«

Fast hatte ich ein schlechtes Gewissen, denn natürlich fehlte mir gar nichts. Aber wo kämen wir Frauen hin, wenn die Männer wüßten, was wir tatsächlich alles aushalten können.

Um sieben Uhr früh kam Hans wieder zurück, auch in dieser Nacht hatte sich kein Tiger blicken und erst recht nicht schießen lassen. Aber er war trotzdem recht gut gelaunt und behauptete doch tatsächlich, es sei sehr aufregend und schön gewesen.

Meine Kopfschmerzen waren natürlich verschwunden, nur gegen Abend stieg das Thermometer – durch leichtes Reiben mit dem Taschentuch! – wieder auf 38,1. Obwohl ich sehr darum bat, diesmal wieder mit auf den Pangu genommen zu werden, mußte mir dieser Wunsch aus männlichem Verantwortungsgefühl abgeschlagen werden.

»Nimm ein paar Tabletten, trink dazu einen besonders starken Whisky und geh zu Bett«, befahl mir mein Mann, und ich verbrachte einen gemütlichen Abend mit unseren holländischen Freunden.

Der Tiger war, wie ich am nächsten Morgen mit Bedauern hörte, auch in dieser Nacht wieder nicht erschienen.

Als wir später unsere Rundfahrt durch die Dörfer machten, stellte sich heraus, daß ein Tiger zweimal hintereinander in denselben Stall eingebrochen war. Und zwar in Pangkatan, einer Siedlung, die ganz am Ende der Straße lag, sozusagen am Ende der erreichbaren Welt. Der Ziegenstall lag über einem Schuppen und war von allen Seiten mit Ästen und Brettern zugenagelt. Aber das alles hatte der Tiger mit einem Prankenhieb beiseite gefegt.

»Das ist dem Tiger zu einer schlechten Gewohnheit geworden«, überlegte Hans, »sicher kommt der freche Bursche heute nacht wieder. Ich meine, man sollte es hier versuchen. Wir haben Vollmond ... der Platz vor dem Stall liegt frei ... und ich brauche die Lampe nicht. Wenn ich mich da oben in dieses Pfahlhaus lege, habe ich ein prima Schußfeld. Eine Ziege wird vor dem Stall angebunden ... dann müßte ich den Kerl erwischen. Was hältst du von dem Plan, Marianne?«

»Ich halte gar nichts davon«, sagte ich zu seiner Verblüffung und gab meine Gründe bekannt.

In diesem Augenblick schlug wieder mal meine mathematische Begabung durch. Und Mathematiker zeichnen sich ja durch besonders logisches Denken aus, jedenfalls sind sie selbst davon überzeugt.

So versuche ich denn, meinen Waidmann von der Richtigkeit meiner logischen Überlegungen zu überzeugen. Wenn es also stimmt, so führte ich aus, daß für gewöhnlich so ein Tiger alle acht bis zehn Tage die gleiche Gegend besucht, dann könnte nur ... dann müßte sogar eiserne Ausdauer an eben diesem einen Platz früher oder später zum Erfolg führen.

An jenem Pangu, wo Hans jetzt drei Nächte lang vergeblich gesessen hatte, führte ein Tigerwechsel vorbei. Dieser Wechsel war während der letzten drei Wochen zweimal von einem Tiger benützt worden. Alles sprach dafür, daß dieses bald wieder geschehen würde. Und nun wollte Hans diesen guten Platz aufgeben! Nur weil ein anderer Tiger aus der Reihe getanzt war und zweimal hintereinander in den gleichen Stall eingebrochen war. Die Möglichkeit, daß er dies noch ein drittes Mal tun würde, war ganz bestimmt viel geringer als die fast sichere Chance, daß binnen kurzem ein Tiger an unserem alten Pangu vor-

überkäme. Dort stand für ihn der vierbeinige Lockvogel bereit. Wenn mein Mann schon eine Nacht nach der anderen opfern wollte, dann mußte das auf seinem bisherigen Pangu geschehen. Das war logisch!
Aber bringen Sie einmal einem Mann weibliche Logik bei. Von einer Frau, und dazu noch von der eigenen Frau, nimmt kein echter Mann logische Ratschläge an. Hans wollte einfach nicht begreifen, was ich meinte. Er behauptete steif und fest, daß er die größeren Chancen hätte, wenn er jetzt einmal auf einem anderen Platz warten würde.
Im Grunde genommen war es nur wieder einer jener kindlichen Triebe, wie sie auch im erwachsenen Manne weiterleben. Womit ich in diesem Falle die kindliche Ungeduld meine, das Nicht-warten-Können, dieser trotzige Wunsch, etwas durch eigenes Zutun erzwingen zu wollen, was jedoch nur von selbst kommen kann.
Ich war richtig wütend über seinen Unverstand. Wenn mein Jägersmann trotzköpfig war und so weitermachte, dann kämen wir überhaupt nicht mehr nach Bali. Unsere Reisezeit und auch unsere Reisekasse würden erschöpft sein, noch bevor wir unser eigentliches Ziel erreichten.
Um fünf Uhr war ich schon allein und Hans unterwegs nach Pangkatan. Nichts anderes konnte ich mehr tun, als meinen Ärger pflegen. Je mehr ich darüber nachdachte und mir die Wahrscheinlichkeitsprozente ausrechnete, desto gewisser schien mir, daß der Tiger heute nacht zum alten Pangu käme. Und plötzlich kam mir der Gedanke, selber dort anzusitzen! Der Stutzen war ja hier, die Stirnlampe auch. Sonst brauchte ich nicht viel, nur das Anti-Mückenmittel und die große Gummidecke, falls doch ein paar

C. ARNOLD

Tropfen fielen. Kam der Tiger nicht, so brauchte ich ja nichts zu sagen und ersparte mir die Blamage, allzu rechthaberisch gewesen zu sein. Wenn er aber tatsächlich erschien, so hatte ich Hans klar und deutlich die Vorteile von Logik und Geduld bewiesen.

Es kostete mich einige Mühe, unsere reizenden Gastgeber von der absoluten Notwendigkeit meines Entschlusses zu überzeugen wie auch davon, daß mein Mann gewiß mit meinem Vorhaben einverstanden wäre. Aber schließlich glaubte mir Herr van Dongen meine zweckbedingte Schwindelei und fuhr mich in seinem Jeep bis fast unter den Pangu.

Dann rumpelte sein Wagen wieder fort und ich richtete mich auf meinem Baum, so gut es ging, ein. Als ich damit fertig war, fühlte ich mich zwar sehr stolz, aber doch recht allein. Meine Büchse war geladen, und griffbereit lag die Stirnlampe neben mir. Die Ziege unten an ihrem Pflock machte sich keinerlei Sorge, sie war es ja gewöhnt, hier zu schlafen und hatte dabei noch nichts riskiert.

In den Tropen dauert die Dämmerung nur eine Viertelstunde etwa. Fast ohne Übergang wurde es Nacht um mich her. Das hatte ich schon oft genug erlebt, ohne mir viel dabei zu denken. Nun aber, wo ich so ganz allein war, und das in einem Wald voll mit Tigern und giftigen Schlangen, wurde mir doch etwas bange zumute. Es knisterte im Laub unter mir und es raschelte in den Blättern über mir. Ich wünschte von Herzen, den blödsinnigen Gedanken dieser Pangu-Nacht nie gehabt zu haben!

Aber dafür war es nun zu spät. Jetzt konnte ich nicht mehr hinunter und zurück. Bei Nacht gingen ja hier überall die Tiger spazieren. Selbst der gefürchtete Menschenfresser-

Tiger war vielleicht in dieser Gegend. Schwarze und grüne Kobras lauerten im Gras. Es war auch gar nicht ausgeschlossen, daß ich plötzlich einem Orang-Utan begegnete. Bis mich Herr van Dongen morgen früh bei Helligkeit abholte, war ich die Gefangene dieses Gummibaums.
Eine Wolke von Moskitos hatte mich entdeckt. Voller Entzücken begannen die Biester sogleich, mich überall anzuzapfen. Da war es mir ganz egal, ob das den Tiger störte oder nicht, ich holte mein Fläschchen mit dem Anti-Mückenzeug heraus und rieb mich ein. Das übelriechende Wässerlein brannte wie Feuer und tat scheußlich weh. Da waren mir ja fast die Moskitos noch lieber, dachte ich zunächst. Als jedoch nach etwa einer knappen Stunde die Wirkung des bösen Saftes nachließ und die Moskitos zum nächsten Angriff übergingen, diesmal von einer Heerschar beißfreudiger Ameisen unterstützt, griff ich doch wieder zu dem Feuerwasser. Natürlich bedauerte ich es hinterher wieder auf das heftigste und schwor mir, beim nächsten Mal lieber die Mücken und Ameisen zu ertragen. Das konnte ich dann aber doch nicht und so ging es in diesem Teufelskreis rund herum. Ich hatte nur noch den einen Wunsch, diese scheußliche Nacht lebendig, womöglich sogar gesund, zu überstehen. Der Tiger war mir inzwischen ganz gleichgültig geworden. Ich nahm keinerlei Rücksicht mehr auf seine Empfindlichkeit.
Dann fielen die ersten Tropfen, dick und schwer wie Öl. Rollendes Gedonner in der Ferne kündigte ein Tropengewitter an. Bei dem Gedanken, es mutterseelenallein überstehen zu müssen, bekam ich eine schreckliche Angst. Meine Güte, wie bestrafte mich der Himmel jetzt für meine Rechthaberei! Gehorsam soll ein Weib sein und

sich dem Manne fügen. Darin liegt das wahre Glück und Geheimnis jeder Ehe. Gegen diesen natürlichen Grundsatz hatte ich verstoßen und schon bekam ich die Folgen zu spüren.

Ergeben kauerte ich mich zusammen, zog die Gummidecke über mich und verbarg auch das Gewehr vor der kommenden Feuchtigkeit.

Zickzack . . . ein gleißend heller Blitz. Rumsbums . . . ein gewaltiger Donnerschlag direkt über mir. Ein Windstoß packte meinen Gummibaum, die Bretter ächzten. Ich zitterte von Kopf bis Fuß und klammerte mich fest.

Alle Schleusen des dunklen Tropenhimmels öffneten sich gleichzeitig. Das Wasser prasselte auf meine Schulter wie Faustschläge. Ich hockte mich ganz flach auf den Pangu, stopfte mir die Gummidecke von allen Seiten unter den Körper und begann in meiner Verzweiflung zu zählen. In einer Minute bis sechzig, das macht in einer Stunde dreitausendsechshundert, also würde bei sechsunddreißigtausend wohl der Morgen angebrochen sein.

Donner, Blitz, Sturm und Wolkenbruch, ich weiß nicht, wie lange das gedauert hat. Nach einer Weile wehte es nicht mehr ganz so stark und das Getöse des Donners rollte weiter. Es schien auch etwas weniger zu regnen, nur die Blitze zuckten noch eine Weile und so häufig, als hätten sich des Teufels jüngste Buben des Lichtschalters bemächtigt.

Ein Gutes hatte aber diese Sintflut doch . . . der Tiger würde jetzt sicher nicht kommen. Er ist ja eine Katze, wenn auch eine sehr große, aber gewiß war er genauso wasserscheu wie seine kleinen Hausvettern, dachte ich für mich.

So begann ich langsam wieder ein klein wenig Mut zu fassen, da hörte ich die Ziege sterben.

Ein ganz kurzer, gurgelnder Laut war es nur, dazu ein brechendes Geräusch. Obwohl ich so etwas natürlich noch nie gehört hatte, wußte ich aus mir nicht erklärlichen Gründen sofort, daß der Tiger nun da war und soeben die Ziege gerissen hatte.

Hinterher habe ich mich sehr darüber gewundert, daß ich damals, in diesem Augenblick, gar keine Angst mehr hatte. Vielleicht deshalb, weil nun dieses scheußliche Warten aufhörte und ich handeln mußte. Ein wenig Jagdpassion war wohl auch in mir erwacht.

Der Regen machte noch immer so viel Lärm, daß ich mich ohne viel Vorsicht aus meiner Gummidecke wickeln und nach dem Gewehr greifen konnte. An die Stirnlampe dachte ich gar nicht mehr, ich bildete mir ein, den Tiger auch ohne die Lampe sehen zu können.

Fast auf dem Bauch liegend, schob ich den Kopf über die Kante des Pangu hinaus und schaute nach unten.

Beim nächsten Aufleuchten eines Blitzes sah ich den langen, breiten Körper mit den gelben und schwarzen Streifen über der geschlagenen Ziege liegen. Die beiden Pranken waren vorgestreckt, der Kopf schien sich auf den Leib des Opfers zu stützen. Wahrscheinlich riß ihm der Tiger die Bauchdecke auf.

Ich mußte mich aufsetzen und das Gewehr auf meine angezogenen Knie stützen, um es in die rechte Position zu bekommen. Aber schießen konnte ich doch nicht, weil das Geblitze immer wieder aufhörte, bevor ich den Tigerkopf im Ziel hatte. Ich mußte die Lampe nehmen.

Damit sie an meine Stirn paßte, war es zunächst notwendig, daß ich das Band um zwei Löcher verkürzte. Und bei all diesen Manövern saß unter mir, kaum zehn bis zwölf Meter entfernt, ein großmächtiger Tiger beim Nachtmahl.

Endlich war es soweit. Das Gewehr lag ruhig und richtig, und ich hatte den Knipser für die Stirnlampe zwischen den Fingern meiner linken Hand. Ich biß mir heftig auf die Lippen und ließ die Lampe aufleuchten.

Der Regenschleier warf ihr Licht zurück wie ein Spiegel. Ich sah nur Wasserfäden, nur einen nassen, glitzernden Vorhang.

Da hörte ich ein Knurren und erblickte zwei smaragdgrüne, leuchtende Punkte. Es mußten die Augen des Tigers sein.

An plötzliches Licht war er bei diesem himmlischen Feuerwerk wohl gewöhnt, aber es schien ihn zu verblüffen, daß mein Lämpchen nicht sogleich wieder verlosch.

Ich fühlte, wie ich mir vor Aufregung die Lippen blutig biß. Aber ich brachte es doch fertig, das Korn zwischen die beiden Smaragdpunkte zu richten. Gleichzeitig krachte das Gewehr, als sei es von selbst losgegangen, und der Rückstoß warf mich nach hinten.

Tatsächlich, ich hatte auf einen Tiger geschossen! Und das ganz allein und aus eigenem Entschluß.

Ich richtete mich wieder auf und leuchtete nach unten. Der Tiger war fort. Soweit meine Lampe reichte, war nichts von ihm zu sehen. Vielleicht war er gefehlt und geflüchtet, vielleicht lag er angeschossen im nächsten Gebüsch.

Oder hatte ich ihn gar gut getroffen und konnte nur nicht sehen, wohin er mit seinem letzten Satz gelangt war?

Zehn zeigte meine Uhr. Nicht später. Erst gegen sechs, morgen früh, würde mich Herr van Dongen mit seinem Jeep holen kommen. Acht volle Stunden mußte ich hier noch warten und durfte mich keinesfalls von dem Pangu herabwagen. Denn unten konnte der Tiger lauern, der gewiß allen Grund hatte, mich zu hassen.

Aus meinem Kopftuch drehte ich mir einen Strick, zog ihn durch den Gürtel und band mich an einem dicken Ast fest. Wenn ich nämlich einschlief und von dem Pangu rollte, so fiel ich dem Tiger vielleicht direkt in die Pranken. Hatte Hans mir doch erzählt, wie gräßlich zerfetzt die Leiche des armen Jungen ausgesehen hatte, den sich vor vierzehn Tagen der Menschenfresser aus der Hütte in Kampodong geholt hatte.

Aber es geht alles vorüber, auch jene feuchte Nacht auf dem Pangu nahm ein Ende. Um Viertel vor sechs begann der neue Tag zu dämmern, und um sechs war es hell.

Mit dem Glas suchte ich den Waldrand ab, das Ufer des Baches und jeden Busch. An den Fuß des eigenen Gummibaums, der von meinem Pangu halb verdeckt war, sah ich ganz zuletzt.

Dort lag der Tiger und war mausetot.

Deutlich war der Einschuß meiner Kugel zu sehen, genau zwischen den beiden Augen. Mir wurde ganz schwach im Magen vor lauter Stolz. Was würde Hans dazu sagen?

Als ich dann aber vor diesem wunderbaren, einst so kraftvollen Herrscher des Urwalds kniete, dessen wildes, räuberisches Leben ich ausgelöscht hatte, war ich doch voller Gewissensbisse. Ich weiß bis heute noch nicht, ob es recht oder unrecht gewesen ist, was ich getan habe.

Nun hörte ich den Jeep heranrumpeln und sah auch bald

eine graue Gestalt durch die Reihen der schlanken Gummibäume näherkommen. Es war Tuan Amour, der Javaner, den mir van Dongen geschickt hatte. Er sah meine gestreifte Beute erst, als er dicht vor ihr stand.
Eine Weile sagte er gar nichts, dann nannte er mich »Njonja Harimau Besar«, was wohl eine Art von Ehrentitel sein sollte und »große Tigerfrau« bedeutet. Er konnte ja nicht wissen, daß mein nächtlicher Schuß nur die letzte Konsequenz einer vernünftigen Überlegung gewesen war. Um das Tuan Amour zu erklären, dafür reichte jedoch mein malaiischer Sprachschatz nicht aus.
Allein konnten wir den Tiger nicht in den Jeep ziehen. Amour mußte erst ein paar seiner Leute aus dem nächsten Arbeiterdorf herbeiholen. Wie sich später herausstellte, wog die Riesenkatze einhundertfünfundachtzig Kilo und war von der Lunte – oder wie sagt man beim Tiger – bis zur Fangspitze zwei Meter achtzig lang. Sibirische Tiger sollen noch größer und schwerer sein, aber für Sumatra war das schon ein besonders mächtiges Tier.
Tuan Amour ließ pausenlos die Hupe heulen, als wir zurückfuhren, und machte einen Bogen durch die umliegenden Dörfer, die zur Plantage gehörten. Mit unserem Tiger, der beiderseits über den offenen Wagen hinaushing, erregten wir natürlich ein riesiges Aufsehen. Es war geradezu peinlich, wie der Javaner dabei immer mit Fingern auf mich zeigte, damit auch jeder gleich wußte, wer den Gestreiften geschossen hatte.
Hans war noch nicht zurück, als wir am Gästehaus vorfuhren. Er konnte auch noch nicht da sein, da er von seiner Tigerstelle aus bis zu unserem Wagen eine gute Stunde zu Fuß gehen mußte. Was würde er wohl sagen, daß ich un-

waidmännisches Geschöpf eine so großartige Beute heimgebracht hatte, während er selber, der große Jäger, vom Pech verfolgt war. Natürlich würde er das niemals zeigen, und er durfte auch nicht merken, daß ich mir seine Gefühle denken konnte. Aber irgendwie war doch etwas schief an der Situation.

Deshalb trachtete ich zunächst danach, mich aus dem Mannweib so schnell wie möglich wieder in eine richtige Frau zu verwandeln. Ich holte mir das duftigste Sommerkleid aus dem Koffer und schlüpfte in die Schuhe mit den hohen, dünnen Absätzen.

Da hörte ich auch schon unseren Wagen über den Kiesweg heranrollen. Die Bremsen quietschten und nun mußte es passieren, denn mein mächtiger Tiger lag in seiner ganzen Größe und Länge auf der Veranda.

Die raschen Schritte meines Mannes stockten und ich wußte, daß er jetzt vor meinem Tiger stand und staunte. Ich wartete, bis er hereinkam, drehte mich dann zu ihm und lächelte so weiblich wie möglich.

»Na, wie findest du meinen Tiger?« fragte ich so etwa in dem Tonfall einer kapriziösen Frau, die von ihrem Mann ganz beiläufig wissen möchte, wie er ihren neuen Frühjahrshut fände.

Zu meiner Erleichterung strahlte Hans über das ganze Gesicht, lief mir entgegen und riß mich in seine Arme. Das war ganz ehrlich gemeint, denn so etwas fühlt man ja. Er freute sich noch viel mehr als ich selber über meinen Erfolg. Keine Spur von jagdlicher Eifersucht oder gar Schußneid! Wir waren ja auch ein Herz und eine Seele, Freuden wie Leiden, Erfolg wie Pech gehörten uns beiden gemeinsam. So und nicht anders muß es sein.

»Du bist ja ein tolles Weib«, rief er voller Bewunderung, als er mich endlich losließ, »ein großmächtiges Tigerweib bist du ... ein Prachtexemplar von mutiger Jägersfrau!«

»Moment mal«, protestierte ich und zwang ihn einzuhalten, »da verkennst du aber vollkommen meine eigentlichen Motive, Liebster. Mit Jagd und Mut hat das gar nichts zu tun. Ich wollte dir doch nur an diesem Beispiel angewandter Logik den Beweis erbringen, daß man mit Geduld weiterkommt. Dieser Tiger war sozusagen für dich bestimmt. Du hast den richtigen Platz gefunden, du hast den Pangu bauen lassen und du hast drei Nächte dort verbracht ... In der vierten solltest du belohnt werden. So hat es die jagdliche Vorsehung bestimmt. Also hör in Zukunft auf deine kluge Frau und sei nicht immer gleich so ungeduldig, wenn's nicht sofort klappt. Man muß warten können, das siehst du doch jetzt ein, nicht wahr?«

»Nicht ganz«, sagte er zu meiner grenzenlosen Enttäuschung. »Nichts gegen deine Überlegungen, aber als Jäger muß man spüren, wann und wo etwas in der Luft liegt. Da gibt es so plötzliche Eingebungen, die aus dem Unterbewußtsein kommen ... so etwas wie der sechste Sinn. Verstehst du?«

Ich verstand nichts.

»Na, was meinst du wohl, weshalb ich mich so unbändig freue?«

»Wieso ... ich dachte ... ich meinte ... mein Tiger?«

Ich mußte erst mal schlucken, denn das war bitter gewesen.

»Hans, bitte, sag mir sofort, was du hast ... Hast du etwa auch ...?«

Er brauchte mir gar nicht zu antworten. Ich sah es ihm

an ... es war ja auch gar nicht zu verkennen. Mein Mann platzte geradezu von dem Bedürfnis, mir seine größte Neuigkeit mitzuteilen.
Er holte sich zuerst eine Zigarette aus der Schublade, zündete sie an und blies den Rauch vor sich hin, aufreizend langsam.
»Schau«, sagte Hans dann endlich in einem ziemlich überlegenen Tonfall, »nach deiner klugen Wahrscheinlichkeitsrechnung wäre es doch sicher unmöglich gewesen, daß wir beide nach drei erfolglosen Wochen, nach all den vergeblichen Mühen, *jeder* einen Tiger in der *gleichen* Nacht erlegen . . .«
Es war nun an mir, ihm um den Hals zu fallen, und ich machte hierzu den entsprechenden Anlauf.
»Halt inne, Mariannchen ... Du weißt ja noch gar nichts über meinen Tiger.«
»Ist er etwa noch größer als meiner?«
»Nein, er ist kleiner und magerer, dazu noch auf dem linken Seher blind.«
Also hatte er den Menschenfresser von Kampodong erlegt.
Am übernächsten Tag reisen wir ab, mit Kurs auf Bali.

DRACHEN ZU TISCH

Nun waren wir schon drei Wochen auf Bali und genossen den Zauber dieser wahrhaft paradiesischen Insel mit dem größten Entzücken. Es war hier alles so ganz anders als in Sumatra und Java. Zwar gehört das traumhafte Bali zur Republik Indonesien, aber die Balinesen sind eine Rasse für sich. Auch ihre Kunst, ihre Religion und ihre ganze Lebensweise hat mit dem übrigen Indonesien nichts gemeinsam. Die Güte und Gastfreundschaft dieses Volkes, der Sinn für Schönheit und Kunst, besonders für Tanz, Musik und Malerei ist nicht auf wenige Künstler beschränkt, sondern erfüllt die Seele jedes Balinesen.

Wir hatten am weißen Korallenstrand von Sanur ein winziges Häuschen gemietet, zwischen Hibiskushecken und Kokospalmen, neben einem uralten Tempel. Es gehörte zu einem kleinen Hotel, so daß ich mich auch um die Küche nicht mehr zu kümmern brauchte. Endlich hatte ich einmal alle Koffer auspacken können. Sauber und frisch gebügelt hingen die Kleider im Schrank, und die Buschhemden, Khakihosen und Leinenstiefel lagen ganz unten im Zeltsack verstaut. Ich war auf dem besten Wege, wieder eine gepflegte, gutangezogene Frau zu werden; und das wollte ich auch bleiben, bis in sechs Wochen unser Schiff in Djakarta abfuhr. Ein chinesischer Friseur hatte sein möglichstes getan, meine Urwaldsträhnen in zivilisierte Wellen zu legen.

Selbst Hans, der auf der Jagd mit einem Hemd wöchentlich gut auskommt, verfiel wieder in beste Münchner Sitten und verlangte gebieterisch zweimal täglich frische Wäsche. Ich gab sie ihm gerne. Der ausgefallene Schlaf vieler durchwachter Urwaldnächte war nachgeholt. Vormittags lagen wir in dem weißen Sand des herrlichen Strandes oder badeten in der etwas zu lauen, aber sehr blauen Südsee. Die Korallen, die wir zu Hause in kleinen Stäbchen aufgefädelt um den Hals tragen, erfüllten hier einen sehr nützlichen Zweck. Sie bildeten nämlich einen Schutzwall vor der Küste, der die Haifische daran hinderte, in unsere Badewellen vorzudringen. Nur kleines und harmloses Getier gab es, und immer wieder bewunderten und tauchten wir nach den riesigen Seesternen und den lustigen Seepferdchen. Endlich würde ich mir auch etwas von der Bräune zulegen können, die man daheim von Tropenreisenden erwartet. Denn noch waren wir blasser als nach einem verregneten Münchener Sommer. Im dichten Urwald scheint keine Sonne, und selbst wenn sie vereinzelt dort eindringt, muß man ja immer möglichst viel Haut bedecken, um den Mücken, Moskitos und Ameisen keine Angriffsfläche zu bieten.

Nachmittags fuhren wir kreuz und quer durch die Insel, besichtigten Tempel, Schlösser und heilige Quellen. Wenn es gar zu heiß wurde, ging's in die Berge hinauf. Mitunter durften wir auch an einer der prächtigen Zeremonien der Leichenverbrennung teilnehmen. Weil die Balinesen an eine Wiedergeburt in der eigenen Familie glauben, ging es dabei gar nicht traurig zu, sondern man freute sich, daß der alte Großvater demnächst als kleines Bübchen wieder im Kreise seiner Lieben erscheinen würde.

Immer und unentwegt feiern die Balinesen Feste, Anlaß dazu finden sie übergenug. Es sind die zufriedensten und fröhlichsten Menschen, die ich je gesehen habe. Ohne viel Arbeit können sie dreimal jährlich ihren Reis ernten, die

CARNOLD

Kokospalmen liefern ihnen Öl und Feuerholz, und ihre Hühner und schwarzen Hausschweine gedeihen ohne irgendwelche Pflege prächtig. Sie wissen, wie glücklich die Natur sie bedacht hat, und danken ihren Göttern für diesen Überfluß mit üppigen Erntefesten. Aus den schönsten Früchten des Landes, aus gebratenen Hühnchen und knusprigen Spanferkeln, aus Reiskuchen und Blumen werden herrliche Türme kunstvoll gebaut. Tagelang sind die Frauen mit den Vorbereitungen beschäftigt und dann tragen sie diese oft meterhohen Gebilde in feierlichen Prozessionen in die Tempel, als Opfer für die Götter. Einen ganzen Tag lang dürfen sich die Baligötter an dem Anblick dieser Schätze erfreuen, dann wird alles wieder abgeholt, nach Hause getragen und von der gesamten Dorfbevölkerung in froher Eintracht aufgegessen.
Die männliche Art der Freizeitgestaltung, und das Leben der Balinesen besteht hauptsächlich aus Freizeit, hat mir allerdings weniger gefallen. Die Rolle, die bei uns in Europa wohl dem Fußball zukommt, spielt in Bali der Hahnenkampf. Mit unendlicher Sorgfalt, ja ich möchte fast sagen Liebe, werden die Kampfhähne von ihren Besitzern herangezogen und gepflegt. Zweimal täglich werden sie gebadet und nach genauen Diätvorschriften gefüttert. Stundenlang kann der stolze Balinese seinen Lieblingshahn auf den Knien wiegen und streicheln. Vor jedem Haus sieht man die grobgeflochtenen Körbe stehen, die den Hähnen als Käfig dienen und deren Zahl Auskunft über den Reichtum des Eigentümers gibt.
Und dann kommt der große Kampf, der höchstens eine Minute dauert und der immer mit dem Tod eines der beiden Kämpfenden endet. Selbst wenn sich der unter-

legene Hahn durch Flucht dem tödlichen Stich der mit winzigen, haarscharfen Messern bestückten Sporen des Siegers entziehen will, wird er von seinem Besitzer umgebracht. Als Strafe für seine Feigheit! Hauptreiz für die Zuschauer dieses grausamen Spiels ist allerdings nicht der Kampf an sich, sondern die damit verbundene Wetterei.

Das Schönste aber sind die Nächte auf Bali, denn erst nach Einbruch der Dunkelheit entfaltet sich der ganze Zauber dieser einmaligen Insel.

Gleich nach dem Abendessen brachen wir auf und fuhren, bis wir in irgendeinem Dorf das Flackerlicht der Öllampen sahen. Um diesen Lichtschein war die ganze Dorfgemeinschaft versammelt. Meist waren wir die einzigen Weißen und wurden mit liebenswürdiger Selbstverständlichkeit in den Kreis aufgenommen. Die Frauen hatten auf tiefen Tischen balinesische Delikatessen ausgebreitet. Für ein paar Pfennige waren herrliches Obst, Nüsse, am Spieß geröstete kleine Fleischstückchen und andere, meist ungemein scharf gewürzte Köstlichkeiten zu erwerben. Hans scheute nicht einmal vor gebratenen Reisschlangen zurück. Zufrieden und glücklich hockten wir zwischen den fröhlichen braunen Menschen und warteten mit ihnen in asiatischer Ruhe auf den eigentlichen Höhepunkt des Abends, den Tanz zu Ehren der Götter.

Die Vielfalt der balinesischen Tänze ist einfach nicht zu beschreiben. Große Teile der Ramajama-Sage wurden pantomimisch dargestellt, es gab Opern und Schattenspiele. Männer steigerten sich zu ihrem monotonen Gesang in Ekstase, um sich dann beim berühmten Kris-Tanz ihre scharfen Malaiendolche gegen die nackte Brust zu pressen, ohne sich zu verletzen.

Das Schönste aber waren die zauberhaft süßen, jungen Mädchen, die beim Klang der Gamelang-Orchester in ihren goldbunten Kostümen, exotischen Schmetterlingen gleich, hin und her flatterten. Selbst Hans schien nicht mehr den Wunsch zu haben, sich über Tigerwechsel auf moskitoumschwirrte Gummibäume zu setzen. Er hatte die Büchse mit der Kamera vertauscht und wurde nicht müde, diese reizenden jungen Tänzerinnen immer wieder zu fotografieren. Auch ein Jäger ist schließlich ein Mann. Obwohl man wirklich kein Mann zu sein braucht, um von diesen Märchengeschöpfen bezaubert zu sein.

So dachte ich mir nichts dabei, meinen Mann eines Morgens über seine Landkarte gebeugt zu sehen. Denn es ist ja verständlich, daß er eine solche Ruhepause ausnützen wollte, um neue Pläne zu schmieden. Wir hatten schon oft darüber gesprochen, ob wir als Ziel unserer nächsten Großreise Alaska oder Neuseeland ansteuern wollten. Er schien sich für Neuseeland entschieden zu haben, denn was ich bei einem kurzen Blick auf die Karte sah, war von sehr viel Wasser umgeben. Arglos ging ich auf seinen Vorschlag ein, nach dem Mittagessen einmal nach Singaradja, dem offiziellen Hauptort der Insel, zu fahren. Als er dort jedoch den Gouverneur zu besuchen wünschte, wurde ich hellhörig. Leicht bedenklich gestimmt, begleitete ich meinen entschlossen dahinschreitenden Mann zum Regierungsgebäude. Denn dort werden gemeinhin Genehmigungen erteilt, und Genehmigungen bedeuten bei uns meist Jagd und Abenteuer.

Der Gouverneur war ein liebenswürdiger älterer Javaner, der in Deutschland studiert hatte und unsere Sprache fast vollkommen beherrschte. Sein Sohn besuchte gerade eine deutsche Hochschule, und so entwickelte sich schnell ein lebhaftes Gespräch. Meine Geduld wurde auf eine harte Probe gestellt, bis mein Waidmann endlich auf den Zweck seines Besuches zu sprechen kam.

»Herr Gouverneur«, sagte er schlicht, »ich bitte Sie sehr herzlich, uns die Erlaubnis für einen Besuch auf der Insel Komodo zu erteilen.«

Das war es also! Fieberhaft begann ich nachzudenken. Komodo ... was war Komodo ... in welchem Zusammenhang hatte ich den Namen schon gehört? Was gab es für Tiere auf Komodo ... denn wenn es meinen Mann in eine entlegene Gegend zog, dann mußte es dort irgendein seltenes Getier geben. Selten ... das war es ... Komodo-Warane ... Varanus comodiensis!!! Die letzten Drachen auf Erden, fleischfressende Rieseneidechsen sollte es dort noch geben. Davon hatte Hans mir schon erzählt. Doch hatte ich völlig vergessen, daß Komodo genau wie Bali eine der sogenannten »Kleinen Sunda-Inseln« ist.

Der freundliche Gouverneur war sofort bereit, meinem Mann diese Bitte zu erfüllen. Allerdings mußte er im Laufe der weiteren Unterhaltung zugeben, daß selbst er als höchster Beamter dieses Archipels nicht wisse, wie die entlegene Insel zu dieser Jahreszeit zu erreichen sei. Er selber könne uns lediglich einen Platz auf dem Regierungsschiff anweisen, das im Laufe der nächsten Woche nach Sumbawa führe.

Freudig dankte Hans dem Gouverneur für diese Liebenswürdigkeit und erklärte, jeder Zoll ein Optimist, von Sumbawa aus schon eine Möglichkeit zur Weiterfahrt nach Komodo zu finden.

»Sag mal, Hans«, fragte ich, als wir wieder bei unserem

Wagen waren, »diese Warane auf Komodo, die können doch nicht gejagt werden, die sind doch streng geschützt?«

»Daß du auch immer gleich totschießen willst, Kind«, gab er tadelnd zurück, »diesmal geht's auf Kamerajagd, und zwar auf eines der faszinierendsten Tiere unserer Erde.«

Obwohl noch eine ganze Anzahl gut informierter Landeskenner von diesem unsicheren Unternehmen abrieten, da zwischen Sumbawa und Komodo auch nicht das winzigste Dampferchen verkehrte und außerdem zu dieser Jahreszeit dort eine sehr ungute Meeresströmung herrschen sollte, betraten wir am folgenden Mittwoch die »Bettet« und stachen in See.

Dieser knapp zweihundert Tonnen große Kahn war tatsächlich die einzige regelmäßige Verbindung zwischen den »Kleinen Sunda-Inseln«. Auf der Rundfahrt wurden natürlich nur die größeren unter ihnen angelaufen, also Lombok, Sumbawa, Sumba, Flores, Timor und Alor, und auch dies nur einmal im Monat. So herrschte eine drangvolle Enge an Bord. Das Deck war vollgestopft mit Frachtgütern aller Art, und dazwischen und darauf lagerten die Passagiere, in der Hauptsache heimkehrende Mekka-Pilger. Es war völlig unmöglich, sich dazwischen zu bewegen.

In der winzig kleinen Kabine, die man uns eingeräumt hatte, konnten wir uns erst recht nicht bewegen. Denn da es weder auf Sumbawa noch auf Komodo ein Hotel geben würde, hatten wir unsere gesamte Zeltausrüstung nebst Campmöbeln und Küche mitgenommen, und diese sperrigen Gepäckstücke nahmen den größten Teil des Raumes ein. Wir durften uns daher tagsüber auf der auch nicht sehr geräumigen »Kommandobrücke« aufhalten, wo der

Erste Steuermann dem Herrn Kapitän mit Ausdauer und Geschick Läuse fing.

Trotz alledem war Hans vollkommen glücklich. Immer wieder versicherte er mir, daß nun endlich einer seiner größten Wünsche, und er hat viele Wünsche, in Erfüllung gehen würde. Als Knabe von zehn Jahren habe er im Berliner Zoo einen Komodo-Waran gesehen und seitdem sei diese ferne, romantische Insel ein Ziel seiner Träume gewesen.

Ich brachte es einfach nicht übers Herz, ihn ganz sachlich zu fragen, wie er dieses Traumziel von Sumbawa aus ohne Schiffsverbindung erreichen wolle. Außerdem war mir vollkommen klar, daß wir irgendwie nach Komodo gelangen würden; denn wenn mein Mann sich einmal eine Sache in den Kopf gesetzt hat, dann führt er sie auch aus.

Ich wunderte mich also gar nicht, daß auf Sumbawa zunächst alles so vortrefflich klappte wie auf einer Gesellschaftsreise nach Venedig. Es lebte nämlich dort ein deutscher Arzt, der sich sehr über den unerwarteten Besuch von Landsleuten freute und sofort bereit war, uns mit seinem Jeep an die Südspitze der Insel, in ein kleines Fischerdorf zu fahren. Zwei Tage brauchten wir für diese dreihundert Kilometer, denn die sogenannte Straße glich einem ausgewaschenen Flußbett. An Leib und Seele tief erschüttert kamen wir schließlich in Sapi an.

Nach endlosen Verhandlungen mit ungezählten braunen Fischern konnten wir schließlich Hassan dazu gewinnen, uns mit seinem Ausleger-Kanu nach Komodo zu segeln. Das war ein sehr gebrechliches Boot, knapp einen Meter breit und vielleicht acht Meter lang. Es wurde von vier braunen, muskulösen Ruderknechten bewegt oder vom

C. ARNOLD

Wehen des Windes. Dazu diente ein morsches Segel aus geflochtenem Stroh. Die Haltetaue waren aus Bast und rissen des öfteren, worauf das ganze Segel ins Meer klatschte und das Boot den Launen von Wellen und Strömung preisgab. Richtig umschlagen konnte es allerdings nicht, weil es ja von den Auslegern gehalten wurde. Solche »Ausleger« sind dicke, hohle Bambusrohre, die zwei Meter rechts und links vom Boot auf dem Wasser schwimmen und durch Querstreben mit ihm verbunden sind. Von weitem sieht das Ganze aus wie eine Spinne.

Wenn man von Sapi abfährt, kann man in der Ferne schon die zackige Silhouette von Komodo sehen. Es sind ja nur dreißig Kilometer bis dorthin. In der Luftlinie wohlgemerkt, die Wasserlinie war wesentlich länger. Wie viele Kilometer oder Seemeilen wir tatsächlich bis nach Komodo gesegelt, gerudert und getrieben sind, das vermag ich nicht zu sagen, auch Kapitän Hassan wußte hierüber keine Auskunft zu geben. In dieser Meeresstraße herrschte tatsächlich eine gewaltige Strömung, die uns erst mal weit ins offene Meer hinausführte, bevor wir die Insel, sozusagen von hinten herum, ansteuern konnten. Wir hatten dazu noch das Unglück, von einem Sturm gebeutelt zu werden, der uns in die Nacht und schwere Regengüsse hineintrieb.

Ein gewisser Vorgeschmack von dem, was uns bevorstand, ergab sich schon bei der Aushandlung des Fahrpreises. Denn Hassan verlangte genau doppelt so viel als jenen Preis, den uns der deutsche Arzt als angemessen genannt hatte.

»Mein doppelter Preis ist durchaus berechtigt«, klärte uns der Kapitän auf, als wir ihn auf diese Auskunft hinwiesen,

»denn jetzt im Oktober ist die Reise nach Komodo auch doppelt so gefährlich.«

Und ich muß zugeben, daß er seine Gefahrenzulage wirklich verdiente.

Es war wohl die schlimmste Nacht meines Lebens, die ich auf diesem Kahn erlitten habe. Es war so schlimm, daß ich noch heute nicht gerne daran zurückdenke. Ich glaube, selbst Hans war in dieser Nacht etwas mulmig zumute, und wir dachten wohl beide, daß es mit uns zu Ende ginge. Gemeinsam haben wir unsere Whisky-Flasche leergetrunken, damit wir die Haifische nicht so spürten, wenn es soweit war. Denn von diesen entsetzlichen Kreaturen wimmelte es nur so in diesen Gewässern.

Der Mast brach, das Segel flog weg, aber noch hielten die Ausleger. Wasser schlug ins Boot, Regen klatschte von oben herab. Zum Leerschöpfen unserer Arche war lediglich eine halb zerbrochene Muschel vorhanden; und ich stellte die Kochtöpfe unseres Camp-Geschirrs zur Verfügung.

Bei Hellwerden kamen wir dann in die Nähe der unbewohnten Insel Gillipantar und konnten dieses Eiland mit Ruderkraft erreichen. Diesmal war auch mein Mann völlig erschöpft; und wir hatten kaum mehr die Kraft, miteinander zu sprechen. Nur ganz kurz dachte ich an unser kleines Häuschen auf Bali und die geruhsame, herrliche Zeit dort.

Auf der wilden, kargen, heißen Insel Gillipantar konnten wir nicht bleiben, weil es dort kein Wasser gab, jedenfalls kein Süßwasser. Kapitän Hassan hatte zwar eine Menge frischer Kokosnüsse als »eiserne Trinkration« im Boden des Bootes verstaut. Doch war das Holz der Schalen bei der Schaukelei auf den Wellen angeschlagen und brüchig geworden und das eingedrungene Meereswasser hatte die köstliche Fruchtmilch völlig ungenießbar gemacht.

Bei glühender Mittagshitze ging es wieder in die See hinaus. Die war etwas ruhiger geworden, langsam segelten wir dahin; und Hassan vertrieb sich die Zeit mit Fischfang. Zu diesem Zweck band er ein kleines Federchen an das Ende einer langen Schnur, ließ es hinter unserem Boot hertreiben und befestigte das andere Ende der Schnur an seinem großen Zeh. Dann schlummerte er ein. Biß nun ein Fisch an, was etwa alle zehn bis zwanzig Minuten der Fall war, so spürte er einen Ruck an seiner Zehe, wachte auf, zog die Beute an Bord und warf sogleich wieder ein neues Federchen aus.

Nach kurzer Zeit schon kam Komodo wieder in Sicht. Nur ein Dorf sollte es dort geben, und wenn wir die Drachen sehen wollten, so mußten wir uns in diesem Dorf Führer und Träger besorgen. So winzig sich Komodo auch auf dem Atlas aufnimmt, mir kam die bergige und zum Teil bewaldete Insel wie ein Kontinent vor. Bis zum Abend hatten wir die Bucht des Dorfes noch nicht erreicht. Wir liefen die menschenleere Küste an, schliefen am Strand einen Schlaf der Erschöpfung und segelten am nächsten Morgen weiter. Dann endlich waren wir am Ziel dieser schrecklichen Reise.

Kein Wunder, daß die Kinder schreiend davonliefen, als sie mich erblickten. Ich sah ja wirklich zum Fürchten aus. Die Haare hingen mir ins salzverkrustete Gesicht. Unsere Lippen waren vom Durst, von Sonne und Salzwasser aufgesprungen und dick wie Weißwürste. Unsere Hemden und Hosen hätte jeder hinterindische Bettler mit Entrüstung von sich gewiesen.

Es herrschte Trockenzeit auf Komodo und das bedeutet Bruthitze bei Tag wie auch bei Nacht. Also konnten wir nicht im Zelt schlafen, sondern hatten unsere Feldbetten im Freien aufgeschlagen. Das war auch wirklich ein Spaß für die Bevölkerung von Komodo! Sie bestand zwar nur aus einhundertdreiundfünfzig Leuten, aber von denen stand und saß gewiß die Hälfte stets und ständig bei uns. Vom ersten Morgengrauen bis tief in die Nacht lösten sich die Komodoraner ab, um das höchst seltene Schauspiel zu genießen, das wir ihnen boten. Dabei taten sie weder etwas Böses noch wollten sie uns stören. Sie schauten uns nur an und folgten mit ihren dunklen Augen jeder Bewegung, die wir machten. Obwohl unser Malaiisch, was übrigens gar nicht so schwer ist, inzwischen recht gut geworden war, konnten wir ihre halblauten Bemerkungen nicht verstehen, denn auf Komodo spricht man sumbawanisch.

»Man muß sich an ihre Neugier gewöhnen, sie gehört nun mal dazu«, meinte Hans. »Außerdem sind wir eine ganz großartige Abwechslung in ihrem ereignislosen Leben.«

Das mochte wohl stimmen, aber hin und wieder muß jeder Mensch für kurze Augenblicke sehr privat mit sich alleine sein. Doch auch dann konnte ich meine Mitläufer einfach nicht loswerden. Wohin ich mich auch wandte, immer liefen mir zwanzig bis dreißig Leute nach. Es war einfach zum Verrücktwerden! Ich bat, ich drohte, ich machte hinreichend klar, daß sie mich in Ruhe lassen sollten. Sie fanden das nur sehr lustig. Ich aber gar nicht. Auf die Dauer mußte eine Lösung gefunden werden.

Unsere Bootsleute fanden sie. Die braven Seemänner bauten uns eine Hütte aus Laub, in einer Viertelstunde waren sie damit fertig. Über den Eingang warfen wir unsere große

Regenhaut, und so konnte man endlich mal allein sein. Aber von diesen wenigen Augenblicken in diesem siedend heißen Hüttlein einmal abgesehen, waren wir ständig »auf der Bühne«. Beim Waschen und Anziehen, beim Kochen und Essen, beim Lesen und Spülen, beim Hinlegen und Aufstehen, stets waren wir von einem Publikum umgeben, dessen Treue und Interesse kein Ende nahm. Ganz vorne in der ersten Reihe saßen die Kinder, dahinter hockten ihre Mütter und sonstige Frauen. Hinter ihnen stand unbeweglich die Mauer der Männer. Nichts entging ihren staunend aufgerissenen Augen. Fiel ein Löffel zu Boden, dann lachten sie. Zog ich mir eine Bluse an, so riefen sie » . . . ah . . . ah . . . ah!«

Mit der sprachkundigen Hilfe von Hassan, dem Kapitän, stellten wir nun die Ermittlungen nach den Riesenechsen an. Buaja Darat werden sie von den Landeskindern genannt, und das heißt wörtlich übersetzt: Landkrokodile.

Ein tiefes Raunen ging durch die Menge. Manche warnten uns vor den schrecklichen Bestien, die nichts lieber verschlingen als Menschenfleisch, während andere versicherten, daß diese Buaja Darats selber eine sehr wohlschmekkende Speise wären. Sie rieben sich dabei genußvoll den Bauch und verdrehten die Augen. Demnach kann wohl der offizielle Schutz, den die seltenen Tiere genießen, nur auf dem Papier eines indonesischen Gesetzblattes stehen.

»Höre nicht auf die Leute hier, Njonja«, versicherte mir Kapitän Hassan, »die Buajas sind gar nicht so gefährlich. Außerdem bin ich ja dabei und habe meinen Kris zur Hand.«

Er sah wirklich sehr entschlossen drein, der brave Kapitän, und das Messer in seinem Gürtel war besonders krumm.

Das große Palaver um den besten Weg ins nächste Drachental zog sich in die Länge. Darauf folgte das Palaver um einen Führer, um einige Träger sowie um deren Entlohnung wie Verpflegung. Alle hieran beteiligten wie nichtbeteiligten Komodorianer genossen die langatmigen Ausführungen des jeweils Sprechenden mit größtem Entzükken. Ich glaube, sie waren zum Schluß richtig enttäuscht, als Hans auf die wirklich sehr bescheidenen Forderungen einging. Denn damit war ja nun leider die große Verhandlung zu Ende.

Am nächsten Morgen sollte es in das Tal von Lae-Liang gehen. Dort, so hatte unser Führer versichert, würden wir ganz bestimmt ein paar Drachen sehen.

Mein Mann war in allerbester Stimmung, denn bald würde er ja diesen sagenhaften Urwelttieren gegenüberstehen. Bis spät in die Nacht hinein erzählte er mir alles, was er je über den Varanus comodiensis gehört oder gelesen hatte. Trotz seiner beachtlichen Größe wurde dieses geheimnisvolle Tier erst im Jahre 1912 durch Zufall entdeckt, und die Allgemeinheit erfuhr davon so gut wie nichts. Die größte Länge, die bisher für einen Buaja Darat einwandfrei nachgewiesen und von der Wissenschaft anerkannt wurde, betrug etwas über drei Meter. Den Berichten der seltenen Besucher auf Komodo, die vier und noch mehr Meter lange Echsen gesehen haben wollten, glaubten die Gelehrten nicht so recht. Die Ernährung der Warane besteht fast ausschließlich aus Fleisch, sie reißen Ziegen und Wildschweine, töten Hirsche und mitunter sogar wilde Ponies. Ja, selbst Kinder sollen diese Drachen geraubt und verschlungen haben.

»Aber Hans«, unterbrach ich die Ausführungen meines

Mannes, »so richtige Drachen . . . etwa gar feuerspeiende . . . so wie bei Siegfried, das sind sie doch gar nicht?«
Auf diese Frage schien er nur gewartet zu haben, so prompt kam die Antwort:
»Das kommt natürlich ganz darauf an, was du unter einem Drachen verstehst. Wenn du damit ein Tier meinst, das ganz wie ein Drache aussieht und nur von Fleisch lebt, so kann ich dir mit Drachen dienen. Bedenke doch, die Warane sind schwerer als ein Mensch und doppelt so lang. Und was die Feuerspeierei betrifft . . . die lange, gelbe Zunge ist zweigespitzt und züngelt flammengleich und flackernd unablässig aus dem Maul hervor, denn sie ist ja zum Riechen da. Wer nicht genau hinsieht, könnte schon glauben, daß die Drachen »Feuer speien«.
Beim ersten Morgengrauen, um halb sechs etwa, wollten wir aufbrechen. Gegen zehn Uhr, als es gerade so richtig heiß wurde, ging es dann los. Wer sich über solche Trödelei aufregt, darf nie in warme Länder fahren. Wir sind diesen Kummer längst gewöhnt und schon heilfroh, wenn es überhaupt losgeht. Und wie es losging! Gleich im halben Trab und ziemlich steil bergauf. Einen Weg gab es nicht, dafür aber lauter spitze Steine.
Keine schönen Kokospalmen standen hier und keine bunten Blumen blühten. Alles war knisterdürr und staubig. Auch das Gras war trocken wie Papier. Eine Unmenge von Schlangen raschelte darin herum. Hans wollte es nicht glauben, aber ich habe sie deutlich gehört, denn wir Frauen haben nun mal eine besondere Abneigung gegen dieses glatte, giftige Gewürm.
Unsere Bootsleute schleppten das Gepäck, trugen Wasser mit und hatten sich noch einen schweren Sack voll Reis

aufgepackt. Dabei waren sie aber guter Laune und erzählten sich Witze, vermutlich über uns. Der Bootsjunge zerrte zwei lebende Ziegen hinter sich her, die unglücklichen Tiere waren als Lockspeise für die Drachen gedacht.
Wir liefen, wir kletterten und wir stolperten immer höher hinauf, immer tiefer hinein ins Inland von Komodo. Nur über Mittag wurde eine kurze Pause gemacht. Mir schwamm der Kopf in der Hitze, und ich schwankte wie im Halbschlaf dahin. Wieder einmal war ich nichts anderes als ein »Expeditions-Mitglied«. Bei Dunkelwerden plumpsten wir alle auf den Boden und sofort schlief ich ein.
Der Lagerplatz war nicht schlecht gewählt, wie sich am folgenden Tage herausstellte. Denn es gab unter dem Felsen ein kleines, natürliches Becken mit kühlem Wasser und vor allem hatten wir Schatten. Wir lagerten in einem richtigen grünen Wald. Nach all dieser Dürre und Trockenheit, die wir bisher auf Komodo erlebt hatten, kam ich mir vor wie im Paradies. Es gab ja auch keine Zuschauer!
»Bleib du ruhig hier im Lager und kümmere dich ums Essen«, lautete der ungemein vernünftige Vorschlag meines Mannes. »Wir gehen nach Fährten suchen und wollen mal sehen, wo sich die Biester herumtreiben.«
Damit zogen die Männer los und ließen mich allein. Nur die beiden Ziegen hatte ich zur Gesellschaft, die nichts von ihrem nahen Ende wußten. Sie taten mir furchtbar leid, obwohl es ja auf jeden Fall ihr Schicksal war, verspeist zu werden. Ob sie nach dem Schlachten aber von Menschen gebraten oder von Drachen verschlungen würden, das machte ihnen wohl dann nichts mehr aus.
Wie man »im Busch« nach geeignetem Küchenholz sucht,

das hatte ich inzwischen gelernt; auch wie man die Scheite schichtet über den dürren Zweigen, wie man Feuer richtig anmacht und Steine drum herumstellt, damit der große, eiserne Topf nicht kippt, all das waren mir keine Geheimnisse mehr. In unserem Nylon-Sack schleppte ich Wasser herbei, füllte den Topf zur Hälfte und schüttete drei Kilo Reis hinzu. Denn was malaiische Bootsleute an Reis verzehren können, ist unwahrscheinlich. Er ist ja für sie Brot, Kartoffeln und Gemüse zugleich, und sie können wochenlang ausschließlich von Reis leben, wenn es sein muß.

Im Schneidersitz hockte ich auf dem Boden und hörte dem Deckel zu, wie er auf dem Reistopf zu klappern begann. Und dabei hatte ich plötzlich das Gefühl, als würde mich jemand anstarren. Als Frau empfindet man ja so etwas, ohne es zu sehen.

Wie ich mich langsam umdrehe, schaue ich geradewegs in die dunkelbraunen Augen eines Sauriers. Ganz ruhig blieb ich sitzen und bewegte mich nicht. Das prähistorische Tier stützte sich auf seine Vordertatzen und hielt den langen, faltigen Hals vorgestreckt. Seine Haut war geperlt und zitterte, vielleicht vor Erregung, oder weil es so sein muß. Der Leib war dicker als bei einem korpulenten Mann und der Schwanz endlos lang. An seinen Tatzen waren schwarze Krallen, lang wie Menschenfinger.

Merkwürdigerweise hatte ich überhaupt keine Angst. Dabei bin ich durchaus nicht besonders tapfer, sondern genauso schreckhaft wie andere Frauen auch. Aber ich glaube, gerade wir Frauen fühlen instinktiv, ob es jemand gut oder böse meint mit uns. Und dieses Urweltgeschöpf, das war ihm deutlich anzumerken, hatte keine schlechten Absichten, sondern wunderte sich nur.

Mit einem Mal riß es den Rachen auf und seine gelbrote Zunge fuhr heraus. Im gleichen Augenblick wallte ein ganz übler Geruch auf mich zu. Kein Wunder, denn so ein armes Tier kann sich seine Zähne ja nicht putzen, und die hängen immer voll mit fauligen Fleischresten. Die Zunge flatterte in der Luft umher wie ein Seidenband im Sturmwind. Der Drache wollte mich also auf seine Art beschnüffeln.
Mein Geruch schien ihm ebensowenig zu gefallen wie mir der seine. Die Echse schüttelte sich und schien enttäuscht. Gemächlich watschelte sie ins Dickicht zurück.
Als Hans von seinem ersten Erkundungsmarsch endlich zurückkam, war er so begeistert von seinen eigenen Erlebnissen, daß ich meines erst anbringen konnte, als er seinen Mund zum Essen benötigte. Mein Bericht machte großen Eindruck.
»Wie groß war er denn, dein urzeitlicher Freund?«
»Ich habe ihn nicht gemessen.«
»Na, so ungefähr?«
Ich zeigte ihm am Boden, wo etwa der Drache angefangen und wo er aufgehört hatte.
»Zwofünfzig höchstens«, meinte er geringschätzig. »Da hab ich einen viel größeren gesehen, so an die vier Meter, glaube ich.«
Jenes Seitental, in das unser Führer meinen Mann gelotst hatte, schien den Riesenwaranen als wichtige Verkehrsstraße zu dienen. Sie lebten während der heißen Zeit wohl droben im grünen Hochland, fanden dort aber kein Wasser. Das rieselte nur im Grunde von solch schattigen Tälern, wie hier bei uns. Also mußten die Echsen ab und zu herunter, an die »Tränke«, vielleicht sogar täglich. Ihre eigentliche Nahrung aber, hauptsächlich Sambar-Hirsche

C. ARNOLD

und Wildziegen, die tummelten sich auf den grasigen Höhen über uns.

Am nächsten Tag ging ich mit zur Drachenbahn. Wir bauten uns dort im Gebüsch einen Ansitz für die Kamerajagd. Nachher wurde das Ganze mit Zweigen getarnt und so hergerichtet, daß wir nicht darin zu sehen waren.

Noch während wir bei der Arbeit waren, kam von droben mit flottem, zügigem Tempo ein Buaja-Darat herab, ein ziemlich großer Bursche. Wir standen gerade inmitten seines Weges, beladen mit Stativen, Wasserflaschen und Filmkassetten. Das arme Tier war so furchtbar erschrocken über die völlig fremden Gestalten in seiner Welt, daß es geradezu »mit den Bremsen quietschte«. In eine Staubwolke gehüllt, stand es eine Sekunde lang senkrecht aufgerichtet und fiel dann wie vom Schlag getroffen zur Seite. Wir dachten schon, es sei an Herzschlag verstorben, da rappelte es sich wieder auf und war wie der Blitz im Unterholz verschwunden.

Am nächsten Tage saßen wir dann von sieben Uhr früh bis zur abendlichen Dämmerung in unserem Versteck und hatten einmalige Erlebnisse. Eine von unseren Ziegen war von Hassan geschlachtet worden, die Männer hatten ihren Kadaver an einem Baum festgebunden. Keine Viertelstunde verging, da schob sich bereits das erste Landkrokodil aus dem Gebüsch hervor. Wir hatten nie geglaubt, daß es so leicht sein würde, die Echsen anzulocken. Aber die Nachricht von dem »gefundenen Fressen« mußte sich bei Warans schnell herumgesprochen haben. Wir konnten über Mangel an Besuch nicht klagen, manchmal waren drei Buaja Darats gleichzeitig in unserem Blickfeld.

Wir bekamen so viele von ihnen auf unseren Farbfilm,

daß wir getrost schon nach einem Tag mit der Fotojagd hätten aufhören können. Wir brauchten auch gar nicht besonders ruhig und vorsichtig zu sein in unserem Versteck. Daß Menschen in der Nähe waren, schien die Drachen nicht zu stören. Nur als Hans noch näher an sie heran wollte und frei zu sehen war, da prasselte die saurische Gesellschaft nach allen Seiten auseinander und blieb für einige Zeit verschwunden. Der kleinste von unseren Kostgängern mochte wohl einen Meter lang sein, den größten schätzten wir auf dreieinhalb bis vier Meter. Das hört sich nicht gar so gewaltig an, wenn man es erzählt. Aber die Drachen aus unseren Sagen, so wie man sie auf den alten Bildern von St. Georg dargestellt sieht, waren auch nicht viel größer gewesen. Nur hatten die noch einen zackigen Kamm auf ihrem Kopf und Rücken.

»Du«, rief Hans plötzlich, »mir kommt eine gute Idee . . . eine wahrhaft geniale Idee!«

Vor seinen wahrhaft genialen Ideen habe ich stets die größten Bedenken, weil diese meist mit sehr viel Ungemach verbunden sind. Doch diesmal war es nicht so schlimm.

Am nächsten Morgen trugen wir unseren Zelttisch und die Klappstühle sowie unser ganzes Frühstücksgeschirr an den Drachenpfad.

»Sechs oder sieben Expeditionen sind schon in Komodo gewesen«, erklärte mein Gefährte den Sinn des Unternehmens. »Mit einem sehr üppigen technischen Aufwand haben sie Fotos von den Riesenwaranen gemacht und Kulturfilme gedreht. Aber auf keinem kann man so richtig sehen, wie groß und lang die Tiere sind. Das wird immer nur von einem Sprecher erzählt. Es hat ihnen nämlich an einem Vergleichsobjekt gefehlt.«

»Wieso Vergleichsobjekt?« fragte ich.
»Ein Vergleichsobjekt . . . also ein Gegenstand, den jeder Mensch auch bei uns daheim aus eigener Anschauung kennt. Wenn er nun so etwas Bekanntes neben einem Komododrachen sieht, dann kann er sich selber vorstellen, wie groß das Tier ist. Hast du das kapiert?«
»Für was hältst du mich?«
»Na also, dann decke doch mal den Tisch für die Drachen«, forderte mich mein Mann auf, »du bist ja hier die Hausfrau.«
So habe ich also den Tisch für die Drachen gedeckt, und zwar genauso, wie ich beim Camping den Tisch für uns zu decken pflege, mit einem frischen Tischtuch, Brotkorb, Kaffeekanne und Zuckerdose, mit Tassen, Tellern, Löffeln, Messer und sogar mit einer Blumenvase.
»Was soll ich unseren Gästen anbieten?« fragte ich meinen Mann.
Hans war für Thunfisch, öffnete zwei Büchsen und schüttete deren Inhalt auf die beiden Teller.
»Es ist angerichtet!« riefen wir in den Wald von Komodo Alsdann verschwanden wir in unserem Fotoversteck.
Im Verlauf der nächsten halben Stunde kamen nach und nach drei Buaja-Darats. Sie umkreisten züngelnd den appetitlich gedeckten Tisch, wagten sich aber doch nicht an das für sie so fremdartige Gestell heran.
»Ich fürchte, es klappt nicht«, flüsterte ich.
»Es muß klappen, Liebste, und wenn wir tagelang hier sitzen. So eine Aufnahme ist noch nicht gemacht worden!«
Zum Glück brauchten wir aber nicht tagelang zu sitzen. Denn schon zur Mittagszeit faßte ein mittelgroßes Drachentier genügend Mut und fraß beide Teller leer. Doch

leider stürzte es dabei den Tisch um, die Aufnahme war gewiß recht lustig, aber doch nicht das, was wir wollten. Sogleich wurde alles von neuem aufgebaut, die Teller wieder gefüllt und weiter gewartet. Es dauerte gar nicht lange, da erschien schon der nächste Gast. Aber noch bevor er sich zu Tisch begeben konnte, wurde er schon wieder vertrieben, denn ein ganz Großer stellte sich ein. Und dieser spielte die ihm zugedachte Rolle wie ein routinierter Komödiant.

Mit Bedacht watschelte er zweimal um den Tisch herum. Umwerfen brauchte er nichts, denn er war groß genug, um darauf zu sehen. Seine Zunge schlängelte und schnüffelte über die Teller. Was er dabei roch, schien ihm zu gefallen. Ganz gemächlich richtete er sich auf seine Vordertatzen hoch und schnappte mit Ruck und Schluck die Thunfischbrocken in sich hinein. Alsdann ging er zielbewußt um den Tisch herum, sah den zweiten Teller an und leerte ihn gleichfalls.

Dann trat der riesige Waran vom Tisch zurück, kam zwei, drei Schritte in Richtung unseres Verstecks und nickte dabei mit seinem schweren Kopf.

Ich bin heute noch fest davon überzeugt, daß diese Bewegung nichts anderes bedeuten konnte als »Dank für die Einladung!«

ALS KÖCHIN QUER DURCH AFRIKA

Es stimmt wirklich alles, was mein Mann über seine aufregenden Erlebnisse in Afrika erzählt. Aber alle seine Abenteuer waren sozusagen die Höhepunkte, die, rein zeitlich gesehen, nur eine kurze Spanne unserer Tage füllten. *Meine* aufregenden Erlebnisse aber, die hatte ich täglich, ja sogar dreimal täglich.

Morgens ein Frühstück, mittags ein gutes Essen und abends wieder eine Mahlzeit, das mußte sein. Welcher Mann würde lange fragen, wie es nur möglich war, ihm das stets pünktlich und wohlschmeckend zu bieten. Ob daheim in München, ob in der Wüste oder im Urwald, darauf konnte nicht verzichtet werden und darauf hätte mein Mann auch nie verzichtet. Also war mein tägliches, mein dreimal-tägliches Ringen mit dem Speisezettel eigentlich viel, viel wichtiger als die Tatsache, ob nun ein kapitaler Büffel erlegt wurde oder nicht.

»Auf so einer Expedition muß die Arbeitsteilung immer ganz klar sein«, ließ sich der Expeditionsleiter schon lange vor unserer Abreise vernehmen. »Jeder von uns beiden hat seine Verantwortung und seine Pflichten. Ich kümmere mich um den Wagen und was alles damit zusammenhängt und du kümmerst dich um die Küche und alles was dazugehört.«

Ich glaube, er dachte nicht einmal darüber nach, was mit so einer Feldküche alles zusammenhängen kann. Der Wagen brauchte ja nur alle hundert Kilometer sieben Liter desselben rohen Dieselöls und ab und zu ein wenig Wasser, während mein Mann auf abwechslungsreiche und schmackhafte Art satt zu werden wünschte.

Unser Reiseplan war überaus großzügig und sah auf der Landkarte sehr romantisch aus. Von München sollte es durch die Schweiz, Frankreich und Spanien nach Gibraltar gehen. Von dort nur zwei Stunden mit einer Fähre nach Afrika hinüber. Alsdann war eine Autofahrt von schlicht achtzehntausend Kilometern vorgesehen. Sie führte durch Marokko und Algerien, über das Atlas-Gebirge hinein in die Sahara und durch die riesige Wüstenei nach Nigeria, am Tschadsee vorbei durch Ubangi-Chari an den Kongo, und vom Kongo mit kleinen Abstechern wieder zurück.

Und das haben wir tatsächlich gemacht!

Natürlich mußte gespart werden, das war von Anfang an klar. Mit teuren Tropenhotels durften wir uns nicht einlassen. Um erst gar nicht in solche Versuchung zu kommen, fuhren wir auch meistens solche Strecken, in deren Nähe es nichts gab, was einem Hotel auch nur entfernt ähnlich sah.

Wir schliefen im Zelt, auf den Schlafsitzen des Wagens und wir schliefen in Feldhütten am offenen Lagerfeuer. Einhundertdreiundsechzig Nächte lang!

Und wir aßen, was ich kochte.

Zu diesem Zweck hatte ich mir gleich zwei erstklassige, ganz moderne Benzinkocher besorgt, obwohl die Gaskocher gewiß bequemer sind. Aber mitten in der Wüste oder Urwald würde es sicher nicht möglich sein, die Gasflasche wieder füllen zu lassen. Die entsprechenden Vorräte mitzunehmen, war ganz ausgeschlossen. Der Wagen brach ohnehin schon fast zusammen unter all dem unbedingt notwendigen Zeug. Wasser und Dieselöl allein muß in der Sahara für mindestens tausend Kilometer mitgeführt werden.

Um es gleich zu sagen, die beiden Primuskocher waren schon am dritten Sahara-Tag hoffnungslos verstopft. Der feine Sand dringt überall ein. Das wußte mein Hans genausogut wie ich. Aber, wie gesagt, er hatte ja andere Verantwortungen zu tragen, die Küche war meine Sache. Und ich will offen zugeben, daß seine Fahrkünste bei dieser Wühlerei durch endlose Sandgebiete in der weglosen Wüste auf eine harte Probe gestellt wurden.
Aber meine Kochkünste nicht minder! Anfangs hatte ich noch Kistenholz zum Feuermachen, es gab auch trockenes Gestrüpp. Dann ging ich früh am Morgen ein wenig bummeln, um Kameldung zu sammeln. Ich benutzte hierzu ein Einholnetz. Kameldung muß nur richtig von der Sonne ausgedörrt sein, dann brennt er recht gut. Gießt man noch ein paar Tropfen Benzin darüber, so flackern gleich blaue Flämmchen hoch.
Um mein Feuer am Leben zu erhalten, mußte ich Wasserkanister ringsherum aufstellen. Denn in der Sahara weht am Morgen ein recht scharfer Wind. Zu meiner großen Überraschung war es vor Sonnenaufgang unangenehm kalt, manchmal sogar unter Null Grad. Es kostete mich jedesmal eine große Überwindung, morgens aus dem warmen Schlafsack zu kriechen, aber es mußte sein, der Herr des Zeltes verlangte sein Frühstück. Er war sich wohl auch über die Unbillen der Zubereitung gar nicht klar, denn gefrühstückt wurde im Zelt.
Für die Friererei in der Frühe wurde ich dann im Laufe des Tages reichlich entschädigt, allzureichlich, denn um die Mittagszeit herrschte eine wahre Backofenglut. Wir saßen im Schatten des Wagens, weil es ja sonst keinen Schatten gab. Ich wärmte Konserven, machte Eierkuchen aus Ei-

pulver, Milch aus Milchpulver und Kaffee aus Nespulver. Nur das Wasser zum Anrühren all dieser Pülverchen war meist recht knapp, und so mußte ich manchmal auf meinen Mokka nach Tisch verzichten, um hin und wieder die Teller wenigstens notdürftig abwaschen zu können.

Einmal ist es mir allerdings nicht gelungen, meinem Mann eine warme Mahlzeit zu bieten. Wir waren in einen Sandsturm geraten, in den gefürchteten Samum. An Weiterfahren war nicht zu denken und wir konnten den Wagen nicht mehr verlassen. Es pfiff und es heulte draußen, es knisterte und rieselte rings um uns her. Alles war eine einzige, gelbrote Wolke. Volle vierundzwanzig Stunden waren wir von den Gewalten der Natur gefangen, und es war der einzige Tag, an dem ich nun wirklich nicht kochen konnte. Dafür war es aber im Wagen kochend heiß.

Von dieser ungemütlichen Gefangenschaft abgesehen, war die Sahara unbeschreiblich schön. Und das schönste war nach heißer Fahrt und harter Arbeit die Zeit nach dem Abendessen. Wir saßen mutterseelenallein mitten in der Wüste vor unserem Zelt. Wir schauten in den dunkelblauen Himmel, wo das berühmte »Kreuz des Südens« stand. Ich weiß gar nicht so recht, was es mit diesem Sternbild besonderes auf sich hat, aber in Afrika sieht man es und alle Leute sprechen davon. Auch der Wind verhielt sich am Abend meist ruhig und alles war so grenzenlos weit, so feierlich und so großartig leer. Auf dem Tisch stand immer eine Korbflasche mit algerischem Rotwein, der sehr herb schmeckt. Er sei in Afrika ein Lebensmittel, behauptete mein Mann, und ich ließ mich gerne dazu verführen, dasselbe zu denken.

Aber auch die größte Wüstenei der Erde hat einmal ein

C. ARNOLD

Ende, nach zwölf Tagen wurde aus der Sandpiste wieder eine Straße, und kurz darauf erreichten wir Kano in Britisch-Nigeria. Dort leisteten wir uns sogar eine Hotelnacht, nicht so sehr wegen der überdachten Betten, sondern um ausgiebig und mit Genuß den Wüstensand mit sehr viel Wasser aus allen Poren zu spülen.

Auch das Auto wurde gründlich entsandet, und mit frischen Vorräten ging es weiter an den Tschad-See. Den See selbst sahen wir allerdings nicht, denn dieses seltsame Gewässer schrumpft bei Trockenzeit auf die Hälfte seiner Größe zusammen. Diese Hälfte beträgt zwar immer noch elftausend Quadratkilometer, aber unendliche Schlickfelder rundherum machen es unmöglich, an das Ufer vorzudringen. Ich glaube, die Tschad-Provinz verdient ihren Ruf als Hitzepol der Welt zu Recht, das Thermometer in unserem Wagen stieg auf fünfundfünfzig Grad. Höher konnte es nicht steigen, denn dort war die Skala zu Ende.

Die nächste Etappe war Fort Lamy, wo wir uns endlich von den vielen Wasser- und Benzinkanistern trennen konnten, denn Wasser gab es jetzt wieder genug und auch Dieselöl war in den meisten Großdörfern, wenn auch mühsam, zu finden. Dafür nahmen wir zu meiner großen Erleichterung einen perfekten Koch an Bord.

Apollinaire war sein Name, weil ihn die Missionare bei seiner Taufe so genannt hatten. Auf Empfehlung eines französischen Beamten stellte er sich vor. Selten hatte ich so etwas Schwarzes gesehen wie diesen Schwarzen. Er glänzte förmlich vor Schwärze und trug dazu noch einen fleckenlosen, schneeweißen Anzug nach Pyjama-Schnitt. Außer Sandeh beherrschte er ein paar Brocken Französisch, und es entwickelte sich folgende Unterhaltung:

»Kannst du wirklich gut kochen?«
»Oui, Madame!«
»Kannst du alles kochen, was die Europäer essen?«
»Oui, Madame, kann alles kochen, was weißes Leut essen.«
»Du wirst doch immer ganz sauber sein und alles gut abwaschen?«
»Oui, Madame, wasch ich alles mit Wasser.«
Ich nickte zustimmend, weil mir Hans schon zugenickt hatte und war sehr zufrieden, von einem tüchtigen Boy entlastet zu werden.
Das Gepäck unseres Reisegenossen bestand aus einem kleinen Bündel, in ein rotes Tuch eingeknotet. Dazu aber wollte er zu meinem Erstaunen unbedingt noch den verbeulten Deckel eines alten Bezinfasses mitnehmen. Das wäre sein Herd sagte er. Aber ich mußte ihn wohl falsch verstanden haben.
Gegen Abend langten wir am Ufer des Chari-Flusses an und ich sah mit Bewunderung, wie schnell unser Koch ein Feuer aus Holz entfachte. Rundherum kamen ein paar Steine und darüber legte er seinen Blechdeckel. Gar nicht übel, das war nun wirklich eine Herdplatte.
»Soll ich kochen was, Madame?« fragte er mich.
Wir hatten in Fort Lamy ein Filet gekauft, und das mußte gegessen werden. Denn bei dieser Hitze kann man ja nichts aufheben.
»Hier ist ein Filet, Apollinaire, und hier sind die Gewürze«, gab ich nun hausfrauliche Anweisungen. »Du kannst Pommes Frites dazu machen, aber schön knusprig und nicht zu fett.«
Ich reichte ihm die Kartoffeln und schaute dabei in das grenzenlos verblüffte Gesicht meines Kochkünstlers.

»Hast du keiner Schachtel für Essen, Madame?«
Ich verstand nicht, was er meinte.
»Du sollst ihm lieber Konserven geben«, erklärte mein Mann.
»Unsinn, erst essen wir das frische Fleisch, Apollinaire«, bestimmte ich.
»Weißes Leut kochen mit Schachtel, nicht kochen wie für Neger«, war die erstaunliche Antwort.
»Wie meint er das, Hans?«
»Er will damit sagen, mein Liebling, daß er überhaupt nicht kochen kann. Sein bisheriger Chef hat wohl nur von Konserven gelebt, und die kann er warm machen. Das ist alles.«
Apollinaire strahlte vor Zufriedenheit, so gut begriffen zu werden.
»Kann auch machen auf Schachtel, kann ich, Madame.«
Also mußte ich doch selber kochen. Nur die umständlichen Pommes Frites wollte ich mir schenken, Erbsen taten es auch.
»Also, dann mach wenigstens eine Büchse mit Erbsen auf«, befahl ich dem schwarzen Helden. »Du kennst doch Erbsen, nicht wahr?«
»Oui, Madame!«
Lächelnd zog er sich zurück, meine Anweisung auszuführen. Es dauerte ziemlich lange. Nach einer Weile ging ich selbst, um nach den Erbsen zu schauen. Da hockte doch dieser Unmensch inmitten von elf soeben geöffneten Konservenbüchsen, aus denen alles mögliche hervorquoll.
»Um Himmels willen, was machst du denn da?« fuhr ich ihn an.
Ohne jedes Schuldgefühl lächelte er zurück.
»Ich suche die Erbsen, Madame.«

Und mein Mann lachte noch dazu.
»Hättest dir ja denken können, daß so ein Naturkind nicht zu lesen imstande ist!«
Selbstverständlich hätte ich daran denken müssen, aber wer denkt schon gleich an alles. So blieb mir nichts anderes übrig, als aus all den geöffneten Büchsen ein Mahl herzurichten. Es war gewiß sehr abwechslungsreich und vielseitig, nur paßte natürlich gar nichts zusammen.
»Mit dem werden wir noch manche Überraschung erleben«, sagte ich zu meinem Mann, um ihn auf weiteres Unheil vorzubereiten. Aber Hans putzte gerade sein Gewehr und ließ sich nicht stören. Afrika und seine Sitten waren ihm ja schon bekannt.
»Du mußt ihn halt anlernen«, tröstete er. »Die wirklich feinen Schwarzen, die etwas können, begleiten keinen Jäger in den Urwald.«
Inzwischen hatte Apollinaire den Tisch gedeckt und das ganz richtig. Als Tischdecke hatte er mein Leintuch aus dem Schlafsack gezogen, aber dagegen wollte ich nichts sagen. Mein Mann würde es ja doch nicht merken.
Ich freute mich auf das elegante Bild, das nun folgen sollte. Wir saßen an hübsch gedecktem Tisch am Ufer des Stromes und wurden von einem großen Neger in weißem Dreß bedient. Darin wurde ich jedoch herb enttäuscht, denn Apollinaire erschien in einer viel zu kleinen, aber frisch gewaschenen Unterhose. So ein winziges, dreieckiges Ding vom knappsten Bikini-Typ war das und platzte in allen Nähten. Wenn ich ihn so gefilmt hätte, die Zensur würde es bestimmt verboten haben.
»Schau doch einfach nicht hin«, war der gute Rat meines Mannes. »Er will halt seinen einzigen Anzug schonen.«

C. ARNOLD

Sonst hatte Apollinaire aber Lebensart beim Servieren. Schön hielt er die linke Hand auf dem Rücken, beugte sich vor und reichte die Platten mit vollendeter Gewandtheit herum. Zu den Filets gab es einen Teller Marmelade, einen Teller Karotten, einen Teller mit Erdnußbutter und zwei verschiedene Arten Rollmöpse. Zum Nachtisch dann gesüßte Kondensmilch. Hans fand das Essen wahnsinnig komisch und war in bester Laune.

»Das ist eben Afrika«, sagte er, »findest du das nicht fabelhaft?«

Natürlich fand ich es auch komisch, mußte aber dann doch überlegen, wie ich bis zum nächsten Laden mit meinen Konserven auskommen sollte.

In Fort Archambault mieteten wir uns ein Wohnboot, um auf dem Wasserweg in ganz bestimmte Gebiete einzudringen, wo bisher noch kein weißer Jäger gewesen sein sollte. Dieses sogenannte Wohnboot aber war nur ein großer Eisenkahn, der über seiner Mitte ein Dach aus Palmblättern trug. Sonst war nichts Wohnliches daran und darin. Wir richteten uns selber mit unseren Zeltmöbeln und Betten ein.

Die Antriebskraft unseres Fahrzeugs bestand aus sechs schwarzen Männern, die uns mit Hilfe von sechs langen Stangen vorwärts bewegten, im Tempo eines gemütlichen Fußgängers. Es war eine wunderschöne Reise, völlig lautlos und in vornehmer Ruhe. Wir glitten an ganzen Herden von Nilpferden vorüber, die sich gar nicht stören ließen. Am Ufer standen auf einem Bein Marabuvögel, im Schilf saßen Pelikane, und von den Bäumen schauten Kronenkraniche herab. Leider konnten wir nicht richtig baden, weil Krokodile auf den Sandbänken lagen. Und bei Nacht brüllten die Löwen, doch habe ich damals keinen gesehen. Nach einigen Tagen hörte die geruhsame Fahrt auf, und wir langten bei einem kleinen Negerdorf an. Die Leute dort waren vom Stamme der Kyabé, die älteren Frauen trugen schreckliche Holzteller in ihren durchbohrten und furchtbar ausgeweiteten Lippen. Wenn sie miteinander redeten, so gab das ein richtiges Geklapper.

Um unseren Proviant ein wenig zu ergänzen, schickte ich meinen Apollinaire ins Dorf, ein paar Eier zu besorgen. Er blieb ziemlich lange weg und kam dann mit einem Körbchen aus Palmenblättern wieder, worin die Eier lagen. Sie waren zu meinem Erstaunen grüner als die Eier bei uns sind, auch länglicher in der Form.

»Sind das etwa Gänseeier?« fragte ich Apollinaire.

Aber er verstand mich nicht. Vielleicht weil er das französische Wort für Gans nicht kannte.

»Eier sein für Chef«, sagte er, »aufheben für Chef, Chef wollen Eier.«

Der Mann hatte ja eine seltsame Ansicht über die Gleichberechtigung einer weißen Frau. Scheinbar waren solche Kostbarkeiten hierzulande nur für Männer bestimmt. Was für eine komische Welt!

Ich nahm einen Topf, um ein paar Eier aufzuschlagen. Die Schale war ziemlich hart, aber schließlich konnte ich sie doch am Topfrand aufbekommen.

Mit einem Schrei fuhr ich zurück. Aus dem Ei fiel eine fingerlange Eidechse in den Topf.

»Mulikon«, sagte Apollinaire lächelnd, »ganz klein Mulikon, du aufheben für Chef.«

Ich rührte die Eier nicht mehr an. Apollinaire öffnete eins nach dem anderen und freute sich an dem Gekrabbel der

Viecher in meinem Kochtopf. Als Hans von der Pirsch zurückkam, zeigte ich ihm das Gewimmel der neugeborenen Eidechsen.

Aber Kind, das sind doch lauter Krokodile! Schau mal, wie niedlich sie sind, aber sei vorsichtig, sie haben jetzt schon Zähne und können beißen.«

Ich warf die niedlichen Tiere gleich über Bord und ließ Apollinaire den Topf auskochen. Wie er zu den schlupfreifen Krokodileiern gekommen war, ließ sich ganz einfach erklären. Die armen Leute in dem kümmerlichen Dorf hatten weder Hühner noch richtige Eier. So hatten sie eben nach Krokodileiern gesucht, von denen genug im heißen Sand am Ufer herumlagen. Was wir damit wollten, darüber nachzudenken war nicht ihre Sache, und außerdem ist ja fast alles, was wir tun, für sie fremd und unbegreiflich.

Hans zog tagelang mit den Kyabés durch die Steppe, in glühender Hitze und Dürre. Es war nirgendwo Wild zu sehen. Alles, was auf vier Beinen lief, war nach Süden gezogen, wo es jetzt grüner und feuchter war. Unsere Leute wurden unzufrieden, denn wir hatten ihnen ja eine reichliche Ernährung mit frischem Fleisch versprochen. Nur deswegen waren sie mitgekommen. Also blieb gar nichts anderes übrig, ein Nilpferd mußte geschossen werden.

Es war unmöglich, unserem guten Apollinaire zu erklären, warum Hans einen alten Bullen erlegt hatte. In seiner Eigenschaft als Koch beteuerte er immer wieder:

»Junge Weib sein besser für Bauch«, womit er wohl sagen wollte, daß zartes Nilkalbfleisch besser schmeckte. Und damit hatte er zweifellos recht.

Aber unsere Bootsleute und die Kyabés waren keine der-

artigen Feinschmecker und freuten sich sehr über den riesigen Braten. Das ganze Dorf machte sich mit Dutzenden von Booten auf, um die Beute neben unser Schiff zu schleppen.
Kreischend, heulend und schreiend stürzten sich Männer und Weiber, mit rostigen Messern bewaffnet, auf den Fleischberg, um sich schnell einen möglichst großen Anteil für ihren Kochtopf zu sichern. Sehr schön war dieser Anblick nicht, bei unseren Metzgern geht es entschieden appetitlicher zu.
Ich wandte mich ab und schaute in die trüben Fluten des Chari. Da sah ich plötzlich ein riesenhaftes Krokodil, das langsam heranschwamm.
Ich schrie nach meinem Mann.
»Was ist denn los?«
»Ein . . . Krokodil, sieh nur, es kommt . . . es kommt immer näher.«
»Na klar«, sagte er völlig unbewegt, »das Blut im Wasser lockt die Biester an. Aber keine Angst, bei so viel schreienden Menschen wagt es sich nicht heran. Krokodile sind gar nicht so gefährlich, wie die meisten Leute glauben.«
Ich lief in unsere Bootshütte, um nichts mehr von all der Gräßlichkeit zu sehen.
Doch bald mußte ich schon wieder schreien. Denn von der anderen Seite her drang ein riesiger Neger ein, von Blut besudelt und fast nackt. Er trug ein verschmiertes Messer in der rechten Hand und hielt in der linken einen großen Fetzen Fleisch.
»Filet für dich, Madame, für Abendessen!«
Es war Apollinaire, der das beste Stück für mich erkämpft hatte.

»Apollinaire, bitte . . . danke . . . geh, du darfst das Fleisch selber essen.«
Er hielt mir seinen Fetzen trotzdem hin.
Im gleichen Augenblick war Hans ins Boot geklettert. Er nahm unserem Koch das Fleisch ab, dankte ihm sehr herzlich, daß er bei all der Aufregung auch an uns gedacht hatte und schenkte ihm zur Belohnung ein paar Zigaretten.
»Na, dann mach's mal zurecht«, wandte sich mein Mann an mich, »am besten wird sein, du brätst es am Spieß über dem offenen Feuer.«
Ich zögerte noch.
»Du willst so was wirklich essen?«
» Wir wollen es essen, mein Lieb! So ein frisches Nilpferdfilet gilt unter Feinschmeckern als Köstlichkeit!«
Also hockte ich mich, diese Köstlichkeit auf ein Stück Holz gespießt, neben unser Küchenfeuer ans Ufer und drehte voll Ergebenheit mein Stück Nilpferdfleisch in den prasselnden Flammen. Mein Mann saß daneben und half mit guten Ratschlägen, während sich unser Küchenchef mit seinen wilden Brüdern vergnügte.
Die Nacht kam, und überall brannten nun die Feuer. Es ging hoch her bei unseren Leuten, die zusammen mit den Dörflern beim Festschmaus saßen. Die Kyabés hatten einige Kalabassen Hirsebier gespendet und Jubel, Trubel, Heiterkeit erfüllten die tropische Nacht.
»Na, und wie schmeckt's dir?«
»Du hast recht gehabt«, mußte ich zugeben, »Nilpferd am Spieß ist ganz prima.«
»Es gibt noch viele solche prima Sachen in Afrika, wenn du erst deine Vorurteile überwunden hast. Warum sollen

wir hier auch nicht dasselbe essen wie die Landeskinder? Wer sich auskennt in Afrika, kann sich vom Lande allein versorgen. Das wirst du alles noch erleben.«

Ich habe es erlebt, denn meinem Hans graust es vor gar nichts. Seine Neugier auf den Geschmack echt afrikanischer Genüsse war so groß, daß er sich keine Gelegenheit entgehen ließ, immer absonderlichere Delikatessen in seinem Magen auszuprobieren.

Gegen Antilopen-Steaks will ich nichts sagen. Das ist gutes Wildpret. Auch die wilden Perlhühner zählen zum Geflügel, das keine Hausfrau ablehnt. Ich habe mich auch noch überwunden und mit Hilfe Apollinaires Krokodilschwanz zubereitet. Der besteht aus weißem Fleisch und schmeckt nicht schlecht. Aus einem Straußenei kann man eine Familienportion Rührei machen und für Warzenschwein-Koteletts schwärme ich geradezu.

Schwieriger wird die Sache schon mit Elefantenrüssel. In Negerkreisen wird solch Rüsselfleisch hoch geschätzt. Es steht immer dem Fährtensucher zu, der bei der Elefantenerlegung geführt hat. Leider ist diese Delikatesse so zäh wie ein alter Autoreifen. So ungefähr schmeckt der Rüssel wohl auch. Genau kann ich es nicht sagen, weil ich noch keinen alten Pneu zu essen versucht habe. Dagegen kann ich ein Süppchen aus dem Knorpelfleisch sehr empfehlen, das sich am oberen Ende der riesigen Stoßzähne befindet. Man muß dieses knorplige Gebilde nur drei bis vier Stunden auskochen, bis eine schmackhafte, würzige Fleischbrühe fertig ist. Mit einem Büffel war in kulinarischer Hinsicht nicht viel anzufangen, was aber wiederum daran liegt, daß ein Jäger nur ganz alte Bullen mit großem »Helm« erlegt, deren Fleisch trotz aller Bemühungen nicht zart und genießbar wird. Hinzu kommt ja noch, daß wegen der fürchterlichen Hitze alles möglichst sofort in die Pfanne muß, es kann also nichts abhängen. Deshalb empfehle ich allen Damen, die im afrikanischen Busch die Küche führen, einen Fleischwolf mitzunehmen. Hat man das zähe Zeug ein paarmal durchgedreht, so lassen sich daraus wenigstens Klopse und Buletten machen.

Eines Tages brachte Apollinaire eine lange, dicke Schlange herbei und lächelte mich verheißungsvoll an.

»Für Essen, Madame, schon fein gut.«

Ich war inzwischen einigermaßen abgehärtet und sah mit Interesse zu, was er mit diesem Reptil unternahm. Erst wurde ihm die Haut abgezogen und der Kopf abgehackt. Dann nahm er ein Bambusrohr, schlug es der Länge nach auf und nahm die kleinen inneren Trennwände heraus. Die abgehäutete, weißlich glänzende Schlange kam hinein, und die beiden Bambushälften wurden mit frischem Gras wieder zusammengebunden. Dieses Bündel legte mein Koch ins Feuer und schob von allen Seiten Glut darüber.

»Wenn's knallt, ist der gebratene Aal fertig«, sagte Hans, »ich freue mich schon sehr darauf.«

»Was heißt hier Aal, für mich ist das eine eklige Schlange«, protestierte ich heftig. »Das geht wirklich etwas weit, da tu ich nicht mit.«

Mein Mann wollte das nicht einsehen. Eine kleine Boa wäre in Wahrheit viel appetitlicher als ein Aal, der sich von Aas nährt. So eine ungiftige, harmlose Schlange aber würde ja nur Käfer und Frösche verzehren.

Da knallte es wie ein Flintenschuß. Das Bambusrohr war im Feuer aufgesprungen, daß die Funken stieben. Unser Koch zog es hervor und klappte die obere Hälfte auf.

Darin lag fein säuberlich und gebräunt, von Fett triefend, unser Abendessen.

Ein ganz kleines Stück habe ich auch versucht, dann ein größeres und schließlich griff ich herzhaft zu. In geschmacklicher Hinsicht war tatsächlich nichts dagegen einzuwenden.

Seitdem unser Apollinaire gemerkt hatte, daß sich der »Chef« ganz ehrlich für einheimische Genüsse interessierte, bot er mir täglich neue Überraschungen. Glücklich, nicht mehr die europäischen Schachteln wärmen zu müssen, kochte er nun »wie für Neger«, und eines Abends sogar Heuschrecken.

Die Kyabés aßen diese großen Insekten roh, allerdings nur den weichen Hinterleib, den sie abbissen. Apollinaire wußte jedoch um die feinere Küche Afrikas und schüttete die Beute auf seine Blechplatte, die glühend rot gemacht wurde. Dann pickte er sie wieder auf, trennte Köpfe und Beine ab und spießte die angebrutzelten Heuschreckenleiber wie Schaschlik auf kleine Hölzchen. Mein Mann knabberte mit Behagen daran, konnte mich aber nicht dazu überreden, auch nur einen Bissen zu versuchen.

»Warum verziehst du das Gesicht so?« fragte er mich, »du weißt bloß nicht, was gut ist.«

Damit schob sich der Unmensch eine weitere Heuschrecke in den Mund. Es knackte, als er daraufbiß.

Da war mir der wilde Honig schon lieber. Auf einer Wanderung durch den Buschwald gab es plötzlich große Aufregung bei unseren Trägern. Sie hatten einen Baum entdeckt, um den herum eine Menge von Bienen schwärmte. Das war erst einmal recht gefährlich, weil Afrikas wilde Bienen sehr angriffsfreudig sind und ihre Stiche furchtbar schmerzen. Also wurden die Traglasten in sicherer Entfernung von dem Baum abgestellt. Dann riß jeder von unseren Leuten ein großes Büschel trockener Gräser ab. Daraus wurde ein Strohwisch gemacht, und den banden sie oben an einem Ast fest. Mein Mann reichte die Streichhölzer, um das Ding anzuzünden. Und nun begann der Angriff gegen das Bienenvolk.

Vorsichtig näherten sich ein paar Beherzte dem Baum, der innen hohl war. Sie hielten ihre Fackel so, daß der Rauch und die Hitze in der Höhlung aufstiegen, worin die Waben hängen mußten. Mit Gebrumm und zornigem Gesaus kamen die Bienen heraus und suchten ihr Heil in der Flucht. An die Leute oder uns gingen sie nicht heran, wir standen ja auch in Rauchwolken gehüllt. Mokoko, unser jüngster Träger, stieg nun auf Apollinaires mächtige Schultern und griff todesmutig in den Baum hinein. Er holte einen dicken, dunkelbraunen Klumpen heraus, der von Honig nur so triefte. Hans hielt ihm unsere Waschschüssel hin und fing die Bienenwabe auf. Aber das war noch lange nicht alles, ein Klumpen nach dem anderen kam zum Vorschein. Bald war die Waschschüssel voll und dann noch ein kleiner Kücheneimer.

Die Schwarzen stürzten sich auf die Waben und schlangen gleich alles mit hinunter, den Honig, das Wachs und was sonst noch an diesem klebrigen Zeug hing. Wir ließen den Honig abtropfen und hatten nun für viele Tage den herrlichsten Aufstrich für unser Knäckebrot. Der Geschmack war herber, würziger und irgendwie exotischer als bei unserem zahmen Bienenhonig. Schade, daß man so etwas hier nicht zu kaufen bekommt.

Nachdem wir uns nun so schön den afrikanischen Gegebenheiten angepaßt hatten, war es geradezu grotesk, daß wir ausgerechnet beim Genuß einer europäischen Konserve in den Verdacht gerieten, Menschenfresser zu sein.

Wir saßen beim Abendessen und Apollinaire servierte eine Büchse mit Sardinen. Da fiel uns auf, daß um uns eine ganz ungewohnte Stille herrschte. Sonst ging es des Abends immer sehr lustig zu bei unseren Leuten, sie saßen um ihr Feuer und besprachen laut und ausführlich die Ereignisse des Tages. Zu gerne hätten wir ja gewußt, was sie schwätzten, denn zweifellos spielten wir die Hauptrolle in ihren Erzählungen. Immer wieder kehrten die einzigen Worte wieder, die wir verstanden, nämlich »Madame« und »Chef«. Aber an diesem Abend sprach keiner. Unbeweglich hockten sie zusammen und starrten in ängstlicher Spannung zu uns herüber.

»Was ist denn los mit den Leuten, Apollinaire?«, fragte Hans. »Haben die nichts mehr zu essen?«

»Sein ganz dumme Neger, Chef, ganz sehr dumm, sagen, du essen kleine weiße Junges.«

»Was soll der Chef essen?« wollte ich wissen.

»Dummes Neger glauben, auch Madame essen Jungs«, war die Antwort.

Wir schauten ihn beide an und waren sprachlos.

»Dumme Neger sehen Bild auf Schachtel, glauben kleines weißes Jung in Schachtel.«

Da erst begriff Hans, was los war, und lachte, daß es weithin durch den zentralafrikanischen Busch schallte.

Auf dem Deckel der Sardinendose war als Reklamebild ein kleiner Fischerjunge dargestellt, der in seiner ausgestreckten Hand einen Fisch hielt. Solche Büchsen gibt es überall, auch bei uns daheim.

Wie gesagt, können die Buschneger natürlich nicht lesen. Es ist daher in ganz Afrika allgemein üblich, bei allen Sachen, die für Eingeborene bestimmt sind, auf der Verpackung den entsprechenden Inhalt bildlich darzustellen. Auf der Streichholzschachtel sind eben Streichhölzer zu sehen und auf einer Bonbondose Bonbons.

Mir wurde ganz schwindelig, wenn ich daran dachte, was jetzt in den Köpfen unserer braven, immer so freundlichen Begleiter vorging.

Schnell nahm ich die Büchse mit den Sardinen und lief zu den Trägern hin. Ich glaube, sie hatten im ersten Augenblick richtig Angst vor mir. Jedem einzelnen hielt ich die Büchse unter die Nase, vor jeden legte ich eine Sardine.

Da lösten sich ihre erstaunten Grimassen, erst lachte Mokoko und dann lachten sie alle. Es brach ein unbändiges Gelächter aus.

»Nun, Apollinaire, wissen die Kerle jetzt Bescheid?«

Er nickte mit breitem Grinsen.

»Dummes Leut, haben Fische gesehen ... Sein aber kleine Fisch für große Mann!«

Hauptsache, das peinliche Mißverständnis war aufgeklärt. Ich hatte wirklich keine Lust, von irgendwelchen Kannibalen als Kollegin begrüßt zu werden.

Hans meinte, dieser Zwischenfall sei ein Beweis dafür, daß es tatsächlich im Hinterland von Afrika noch Menschenfresser gäbe. Ich wollte es nicht glauben und fragte Apollinaire danach.

»Oui, Madame«, antwortete er zu meinem Erstaunen, »ganz dummes Neger im Busch essen Mensch.«

»Na, dann paß nur gut auf«, lachte Hans, »daß wir nicht in irgendeinem Kochtopf landen.«

Aber Apollinaire konnte uns beruhigen.
»Nix haben Angst, Madame, Neger nix essen weiße Mensch.«
»Wieso denn, schmecken wir etwa nicht gut?«
»Weiße Mensch sein gezählt«, war die verblüffende Antwort.
So dumm waren also die primitivsten Buschneger nun auch wieder nicht. Sie wußten schon, daß die Weißen amtlich erfaßt sind und ihr Verschwinden der Polizei auffallen würde. Diesen Unannehmlichkeiten wollten sie sich nicht aussetzen.
Ich glaube, es war am nächsten Morgen, als ich das letzte Abenteuer bei Tisch hatte, von dem ich berichten will, denn sonst komme ich mit diesen Erlebnissen nie zu Ende.
»Ach, gibt's wieder Honig!«, stellte ich voller Freude fest, als mein Mann mit einem kleinen Schälchen in der Hand herbeikam. »Ich habe schon Eierkuchen gebacken, da geht es ja heute wirklich ganz lukullisch bei uns zu.«
Mit besonderer Aufmerksamkeit reichte mir Hans den Honig herüber. Diesmal sei er besonders gut, meinte er dazu.
Arglos bestrich ich mein Omelett, lächelte ihm zu und biß hinein.
»Schmeckt aber komisch, der Honig«, stellte ich mit Erstaunen fest, »ist der von einer anderen Bienenart?«
»Ja, von einer ganz anderen Art. Der fremde Geschmack kommt von einer verschiedenartigen Ernährung. Aber als Brotaufstrich ist er ganz vorzüglich und mal eine Abwechslung.«
Mir fiel noch immer nichts auf, während ich herzhaft weiteraß. Bei uns schmeckt ja auch Waldhonig ganz anders als

der Honig von Wiesenblumen oder aus der Heide. Der hier war ein bißchen fettig, möchte ich sagen, und hatte eine Art von Erdgeruch an sich.

»Wo habt ihr die Bienen denn gefunden, so früh am Morgen?«

»Wer redet denn hier von Bienen? Ich jedenfalls habe nichts von Bienen und Honig gesagt.«

»Ja aber . . .« mir stockte der Bissen im Halse, »was ist denn das?«

Mein Mann wies auf einen aufgehauenen Termitenhaufen am Rande der Lichtung.

»Die Leute haben ein paar Pfund Termitenlarven aus dem Hügel geholt und ausgepreßt. Das ergibt so einen honigähnlichen Brotaufstrich . . . Aber was hast du denn, warum läufst du denn fort?«

GEBURTSTAG IM BUSCH

Wenn man auf der Landkarte von Afrika mit dem Lineal einen Strich zieht, und zwar von Norden nach Süden, dort wo der Kontinent am längsten ist, und dann noch einen zweiten Strich von Osten nach Westen, wo er am breitesten ist, so erhält man einen Schnittpunkt. Und ungefähr an diesem Schnittpunkt stand unser Lager am 5. Mai, dem Tage, an dem ich vor . . ., man erspare mir zu genaue Angaben, das Licht der Welt erblickt hatte.

Schon zwei Wochen waren wir mit unserer Trägerkarawane unterwegs, viele Tagesmärsche von unserem Wagen entfernt, den wir in einem kleinen Dorf an der Straße zurückgelassen hatten, die von Bangassou über Obo in den Sudan führt. Es war eine wunderschöne, wenn auch anstrengende Zeit gewesen. Unsere Fährtensucher verstanden ihre Sache, und mein Mann hatte einen sehr kapitalen Elefanten erlegt. Eigentlich war unsere Safari nun beendet und wir mußten an den Rückweg denken. Aber ich hatte das Gefühl, daß Hans nicht den nächsten Weg wählte.

»Ach, so ein Geburtstag im Urwald braucht doch nicht gefeiert zu werden«, erklärte ich bescheiden, aber nicht ganz ehrlich, denn im stillen hoffte ich doch, daß mein Mann eine kleine Überraschung für mich hatte. Andererseits wollte ich ihm jedoch die Peinlichkeit ersparen, an meinem Festtag mit leeren Händen dazustehen. Unser Gepäck kannte ich ja in- und auswendig, und mir war kein Päckchen bekannt geworden, worin man als Frau ein wohlüberlegtes Geburtstagsgeschenk vermuten durfte.

Überhaupt scheint sich der männliche Erfindungsreichtum in den ureigenen Gebieten so sehr zu erschöpfen, daß die

Phantasie bei der Auswahl weiblicher Geschenke immer ein wenig zu kurz kommt. Vielleicht liegt es auch ganz einfach daran, daß sich die Herren der Schöpfung nur schwer in die weibliche Psyche zu versetzen vermögen. Im umgekehrten Falle gibt es da weniger Schwierigkeiten, ich finde es sehr leicht, einen Mann zu beschenken, vor allen Dingen einen Waidmann. Die Krawattensammlung kann noch so reichlich sein, ein grüner Schlips mit aufgesticktem Auerhahn erfreut immer, und Taschentücher, sonst nur eine Verlegenheitsgabe, sind stets willkommen, wenn sie kleine Jagdmotive tragen. Allein Hirschhorn ist ein unerschöpfliches Material für Autoschlüsselanhänger, Aschenbecher, Knöpfe für den Jagdanzug, Besteckgriffe und dergleichen mehr. Für jede Gelegenheit läßt sich etwas finden, je nach Größe des Geldbeutels und Bedeutung des Anlasses. Von einer silbernen Hülse für den Gamsbart bis zum sechzigteiligen Jagdservice für die Hütte, vom Schlips bis zum Lammfellmantel, vom Feuerzeug bis zum Spektiv, es sind der weiblichen Gebefreude kaum Grenzen gesetzt. Ich staune immer wieder, wie vielfältig die einschlägige Industrie uns hier bedenkt.
Für mich selber allerdings bin ich etwas müde der dunkelgrünen Hosen, Pullover und Kostüme. Es gibt doch auch noch andere Farben, und Grün steht mir sowieso nicht besonders gut. Zu dem schicken, rostroten Mohairpullover, den ich mir schon so lange gewünscht hatte, entschloß sich mein Waidmann erst, als ihm meine beste Freundin erklärte, daß diese modische Farbe bei der Pirsch im herbstbunten Bergwald ein vollendetes Mimikri bedeute.
Bei aller Liebe zur Jagd und zu meinem Jäger wage ich doch zu sagen, daß ich auf einem schwarzen Cocktailkleid

eine kleine Perlenbrosche hübscher finde als Hirschgrandeln auf silbernem Eichenlaub. Auch Armbänder aus Elefantenhaar können auf die Dauer einen schmucken Goldreif nicht ersetzen. Nur selten ist die Beute des Jägers geeignet, in Gegenstände des weiblichen Bedarfes verarbeitet zu werden. Wenn es auch die Lieblingstheorie meines Mannes ist, daß die Jagd als die älteste Beschäftigung der Menschen in der Urzeit schon dazu diente, daß der Höhlenmann seine Höhlenfrau mit Nahrung und Kleidung versorgte, so war ich bisher bestenfalls nur ernährt worden. Lediglich drei kleine Weißfüchse aus Spitzbergen konnte ich mir in Form einer hübschen Stola nutzbar machen.

Was mir hier in Afrika an Tieren über den Weg und meinen Mann vor die Büchse gelaufen war, ließ sich aber kaum in ein Kleidungsstück verwandeln, das ergab höchstens Bettvorleger. Also mußte eben doch ein Versteck bestehen, in dem mein Mann die Überraschung verbarg.

Am 4. Mai abends wurde nicht wie sonst schon seit vierzehn Tagen ein flüchtiges und improvisiertes Lager aufgeschlagen. Unter Apollinaires Kommando errichteten die Träger ein Haus. Mit ihren Macheten mähten sie aus dem etwa ein Meter hohen Steppengras ein kleines, viereckiges Grundstück frei. Das Gerüst des Neubaus war aus starken Ästen schnell gefertigt, das eben geschnittene Gras wurde gebündelt und nach Dachziegelart in vielen Lagen darübergeschichtet. Das so entstandene Dach war absolut wasserdicht und bot auch einen guten Schutz gegen die Sonne. Hans richtete das Ganze mit den Zeltmöbeln wohnlich ein und erklärte strahlend, daß diese gemütliche Hütte nur die erste seiner Geburtstagsüberraschungen sei. Um den

Tag festlich zu begehen, wollten wir morgen auf den üblichen Dreißig-Kilometer-Marsch verzichten. Es sollte ein erholsamer Tag werden im eigenen Heim, mit Ausschlafen, Spazierengehen und gutem Essen nach meinem Geschmack.

Der erste Programmpunkt wurde erfüllt, wir schliefen bis neun Uhr, und ich glaube, auch Hans genoß es sehr, nicht gleich bei »Affe eins« aufstehen zu müssen. So nennen nämlich die Eingeborenen die letzte halbe Stunde vor der Morgendämmerung, wenn mit den hellen Schreien der Weißmantel-Affen das Leben im Urwald erwacht.

Apollinaire servierte uns das Frühstück mit der gewohnten Eleganz eines Oberkellners. Er hatte aus unserem letzten Weißmehl sogar frische Brötchen gebacken und aus Mangofrüchten einen köstlichen Obstsalat bereitet.

Als mein Blick aber von den dargebotenen Genüssen auf den Darbietenden fiel, stockte mir der Atem. Von den Achselhöhlen bis zu den Füßen hatte sich unser Boy nach Eingeborenenart in ein Stück Stoff gewickelt, auf dem in buntestem Druck das lebensgroße Konterfei der Königin von England mit ihrem Prinzgemahl regelmäßig wiederkehrte, umgeben von Krönungsgirlanden. Dazu trug er die glaslosen Reste einer Sonnenbrille, die ich vor einiger Zeit weggeworfen hatte. Dieses für seinen Männerschädel etwas zu zierliche weiße Gestell balancierte er mit größter Vorsicht auf der untersten Nasenspitze.

»Pour faire joli«, strahlte mich unser Koch an, womit er wohl sagen wollte, daß er sich zu Ehren meines Festtages besonders geschmückt hatte. Unter diesen Begriff »Um-hübsch-zu-machen«, fiel im Sprachgebrauch der Primitiven überhaupt alles, was über einen spärlichen Lendenschurz hinausging, vom durchlöcherten Strohhut bis zu einer europäischen Herrenweste mit Futterrücken, auf nacktem Oberkörper getragen.

Mit Erstaunen sah ich, daß Hans über das merkwürdige Produkt der afrikanischen Textilindustrie, in das sich Apollinaire gewickelt hatte, gar nicht so verwundert war.

»Ich habe es ihm ja geschenkt«, mußte er zugeben.

»Du ... das?« fragte ich entsetzt. »Ja, aber wie konntest du nur!«

Ohne Antwort stand mein Mann auf, verschwand in unserem »Haus« und kam mit einem kleinen, in Bananenblätter eingewickelten Paket wieder.

»Ich fand diese hier hübscher für dich«, sagte er und überreichte mir das Päckchen. Während ich es öffnete, erzählte er mir die Geschichte dieses Geschenkes.

»Ich wollte doch wenigstens eine Kleinigkeit für dich haben, und da du mich bei Einkäufen stets begleitest, bat ich Apollinaire, einen dieser bunten Eingeborenendrucke für dich zu besorgen. Sie haben dir doch immer so gut gefallen, und es läßt sich vielleicht ein hübsches Sommerkleid daraus machen. Unser guter Koch brachte mir aber dieses Muster da ...« Er zeigte auf den so königlich eingewickelten Neger.

Es war Hans gar nichts anderes übriggeblieben, als seinen Beauftragten für diese Geschmacklosigkeit auch noch zu belohnen, indem er ihm den Stoff schenkte. Mit etwas genaueren Instruktionen schickte er ihn wieder los, und dieser zweite Versuch gelang in der Tat besser. Mein Stöffchen zeigte lediglich in bunter Folge paddelnde Negerkinder im Einbaum, hirsestampfende Frauen und jagende Männer, umgeben von schillernden Tropenvögeln. Hans meinte, daß ich mit einem solchen Kleid sicher in München Aufsehen erregen würde, aber obwohl – oder gerade weil – er damit zweifellos recht hatte, entschloß ich mich später zu einem Morgenrock. Und der wurde wirklich sehr hübsch.

Ein weiterer Punkt des Festprogramms war der geruhsame Spaziergang. Als sich die Mittagsglut etwas gelegt hatte, brachen wir auf. Mir wurde jedoch nach den ersten zehn Minuten schon ziemlich klar, daß unsere Wanderung nicht so sehr gemütlich werden würde, denn mein Gefährte strebte zielbewußt in eine bestimmte Richtung.

»Schau doch mal, wie hübsch, dieses kleine Bächlein hier«, versuchte ich vergeblich, ihn abzulenken und eine Rast einzulegen. Aber einen ganz flüchtigen Blick nur warf er auf das idyllische Plätzchen.

»Ja wirklich, sehr hübsch«, meinte er und eilte weiter.

Nun gab es keinen Zweifel mehr, mein Mann hatte ein bestimmtes Ziel im Auge, und dieses Ziel mußte eine weitere Geburtstagsüberraschung sein. Eine Überraschung allerdings, die mehrere Kilometer von unserem Eigenheim entfernt schien.

Da man Geschenke, und vor allem die eines liebenden Gatten, nicht ausschlagen darf und Hans ein so geheimnisvolles Gesicht machte, daß ich selber neugierig wurde, lief ich entschlossen mit.

Das Bächlein, von dem ich vor kurzem noch so entzückt war, lernte ich nun genauer kennen. In unzähligen Windungen schlängelte es sich durch den lichten Buschwald. Mein Waidmann nahm sich nicht die Zeit, den einzelnen Windungen zu folgen, sondern ging immer wieder quer hindurch. Daß uns hierbei der morastige Grund bis über die Stiefel und das Wasser bis über den Gürtel stieg, schien Hans nicht im geringsten zu stören.

Nach etwa einer halben Stunde hörte der Wald auf, und wir kamen auf eine riesig große Lichtung, die von dichtem und hohem Gras bewachsen war. An manchen Stellen standen die Halme so hoch, daß ich kaum hinübersehen konnte.

Apollinaire, der uns begleitete, um die Wasserflasche und die Fotoapparate zu tragen, hatte natürlich mit seiner Größe von fast zwei Metern einen besseren Ausblick.

»Stop ... Chef ... da ...!«

Er blieb plötzlich stehen, und seine Augen wurden groß.

Hans und ich schauten angestrengt in die uns gewiesene Richtung.

Zunächst sah ich gar nichts, aber mein Mann hatte schon sein Glas hochgenommen und entdeckt, was unser Boy meinte.

»Dort drüben am anderen Ende der freien Fläche«, flüsterte er mir zu, »die dunklen, runden Wölbungen ... vor dem Waldrand ...«

Die sah ich schon, aber was sollte das sein? Ich hielt sie für Termitenhügel, die etwas flacher und gerundeter waren als sonst üblich. Aber da merkte ich, daß sich diese seltsamen Gebilde bewegten, ganz langsam zogen sie durch das Steppengras dahin.

»Was ist denn das ... etwa Elefanten?« fragte ich leise.

»Nein, dafür sind es doch zu viele, es müssen Büffel sein.«

Tatsächlich, Hans hatte recht, es waren Büffel. Ab und zu hob eines der Tiere sein Haupt über das Gras und

reckte sich hoch. Aber nur für einen kurzen Augenblick, gleich neigte es sich wieder, um weiterzuäsen.
Ein überwältigender Anblick!
Es war eine sehr große Herde, wir zählten etwa einhundertzwanzig Tiere und konnten sicher nicht alle sehen, zumal ein Teil im angrenzenden Wald stand.
Zu meiner großen Erleichterung zog die Herde nicht auf uns zu, und auch der Wind stand günstig, so daß eine nähere Begegnung eigentlich nicht zu befürchten war. Trotzdem muß ich zugeben, daß mir nicht sehr wohl zumute war, und auch in Apollinaires schwarzem Gesicht stand deutlich der Ausdruck von Angst.
Nur mein Waidmann schien nichts dergleichen zu empfinden. Er setzte sein Glas überhaupt nicht mehr ab und schaute fasziniert auf die langsam abziehende Herde.
Da sah ich plötzlich vom gegenüberliegenden Rande der Lichtung etwas auf uns zukommen und stieß Hans an.
Ein kleineres Tier, das sich von der Herde abgesondert hatte, kam langsam schlendernd näher, genau auf uns zu.
»Bleib ganz unbeweglich stehen, dann kann es uns nicht sehen«, riet mein Mann ganz leise, »nur nicht rühren!«
Apollinaire war auf einmal wie vom Erdboden verschwunden. Es ist mir bis heute noch nicht klar, wohin er sich in diesem deckungslosen Gelände so schnell verkrochen hatte.
Immer näher kam das neugierige Tier, und es war nicht zu erkennen, ob es Zufall oder Absicht war, was es zu uns hinführte.
Ich hörte, wie Hans neben mir sein Gewehr entsicherte, um für alle Fälle gewappnet zu sein.
In etwa hundertfünfzig Meter Entfernung blieb die junge

Büffelkuh stehen, ganz deutlich konnte ich erkennen, wie sie atmete, und glaubte sogar zu spüren, wie sie leise zischend Wind holte.

Und dann ging plötzlich alles so schnell, daß ich erst hinterher richtig begriff, was geschehen war. Das Tier senkte sein Haupt, um sofort aus stehendem Start loszusausen. Mit einer Geschwindigkeit, die bei solch plumpem Körper verblüffte, stürmte es auf uns zu.

Bis auf etwa zwanzig Meter ließ Hans den Angreifer herankommen, dann krachte sein Schuß und der Büffel brach zusammen. Es war natürlich vollkommen richtig, daß er mit dem Schuß so lange gezögert hatte. Denn er mußte warten, bis sein Ziel nahe genug war, um es mit Sicherheit zu treffen. Ein Fehlschuß hätte üble Folgen haben können. Aber mir war eine Sekunde wohl noch nie so unendlich lang vorgekommen.

Zum ersten Male waren wir von wehrhaftem Wild angegriffen worden, und zwar von einer jungen Büffelkuh, gegen die wir gar nichts Böses im Schilde führten.

Erleichtert und gerührt wollte ich meinem Mann und Lebensretter in die Arme sinken, um dem Schicksal zu danken, daß die Sache so glimpflich für uns ausgegangen war. Ich wollte ihm auch sagen, wie sehr ich ihn ob seiner kaltblütigen Ruhe bewunderte.

Da drehte er sich zu mir um.

»Das hättest du aber wirklich fotografieren können ... So eine tolle Aufnahme kriegen wir sobald nicht wieder.«

Aber ich fand, man sollte die Kaltblütigkeit nicht auf die Spitze treiben.

Inzwischen war Apollinaire aus seinem Versteck wieder zum Vorschein gekommen und schien sehr stolz darauf zu sein, dieses aufregende Abenteuer bestanden zu haben. »Gutes Schuß, Chef«, sprach er seine Anerkennung aus, »junges Weib sein gutes Fleisch!«

Wir schickten ihn ins Lager zurück, um die Träger zum Abtransport des Wildprets zu holen, und gingen allein weiter. Trotz dieses Zwischenfalls hatte Hans Zweck und Ziel unseres Ausflugs nicht vergessen und schritt noch schneller aus, wohl um die verlorene Zeit wieder einzuholen.

Die Landschaft wurde leicht gewellt. Es ging andauernd sanfte Hügel hinauf und wieder hinunter. Droben war der Boden felsig und fast rot von dem sogenannten Lateritgestein. An den Hängen stand trockenes Gras und dazwischen vereinzelte Bäume, die manchmal kleine, schattige Inseln bildeten. Es war eine Art von Akazien, aber wie die meisten Steppengewächse hatten sie viel Dornen und wenig Blätter. In den Senken, durch die sich unser Bächlein schlängelte, lagen Streifen dichteren Waldes.

Wieder hatten wir eine kleine Anhöhe erstiegen und standen nun vor einem Abhang. Etwa zehn bis zwölf Meter tief ging es steil nach unten. Die fast senkrechte Felswand hatte den Bach zu einem kleinen Tümpel gestaut. Das jenseitige Ufer war flach, und hinter einem schmalen Sandstreifen begann wieder der Wald.

Hans schien am Ziel seiner Wünsche angekommen zu sein. Wie ein Feldherr überblickte er das Gelände und suchte von den Bäumen am Rande des Steilhangs einen besonders geeigneten aus, unter den wir uns setzten.

»Nun paß mal auf«, flüsterte er, »und sei ganz ruhig.«

Ich paßte auf und war ganz ruhig. Etwa eine halbe Stunde lang.

»Bitte sag mir doch wenigstens, worauf wir eigentlich warten?« wollte ich – ungeduldig – wissen. »Etwa wieder auf Büffel?«

»Psst« war seine einzige Antwort.

Dieses »Psst« war aber schon gar nicht mehr nötig, denn nun hätte ich auch von mir aus nichts mehr gesagt.

Aus dem gegenüberliegenden Buschwald kamen, ich kann es nicht anders bezeichnen, in flottem Schaukeltrab drei Elefanten heran. Natürlich hatte ich am flachen Ufer des Teiches die breite, ausgetretene Allee schon bemerkt, ohne jedoch zu überlegen, wie sie wohl entstanden war und wozu sie diente. Sie war sozusagen der Einstieg ins Elefantenbad.

Mit sichtbarer Vorfreude eilten die Dickhäuter dem erfrischenden Bade zu. Das größte der Tiere hatte den Vortritt und stürzte sich förmlich in das aufschäumende Naß. Die beiden anderen Kolosse folgten gleich hinterher. Mit offenbarem Genuß wälzten sie sich in den Fluten und trompeteten dazu nach Elefantenart. Minutenlang sahen wir nichts weiter als aufspritzendes Wasser. Eines der Tiere hatte sich auf den Rücken gelegt und nur seine vier klobigen Säulenbeine ragten in die Luft.

So gebannt war ich von diesem Augenblick, daß ich gar nicht bemerkt hatte, daß inzwischen weitere Badegäste erschienen waren. Zu meiner besonderen Freude waren es diesmal Mütter mit ihren Kleinkindern, die der abendlichen Erfrischung zustrebten. Drei junge Elefanten vom zarten Babyalter bis zum ungelenken Lausbuben begleiteten ihre mächtigen Mütter.

Das Kleinste gefiel mir natürlich besonders. Es war noch nicht sehr fest auf den Beinen und schien auch ein wenig wasserscheu zu sein. Ganz sanft wurde es von seiner Mama ins Bad geschoben. Stocksteif stand es nun da und war nicht mehr zu bewegen, auch nur einen Schritt weiterzugehen. Da griff die Mutter zu einem anderen Hilfsmittel. Der Rüssel wurde zur Dusche, mit der sie das Kind gründlich abspritzte. Immer wieder blies sie mächtige Fontänen über den kleinen Körper, und das Baby schien langsam Gefallen an dem feuchten Spiel zu finden. Es tauchte seinen winzigen Rüssel ins Wasser und versuchte nun seinerseits, die Erwachsenen anzuspritzen.

»Na, wie hab ich das gemacht?«, flüsterte mir mein Mann ins Ohr und tat ganz so, als habe er dieses Schauspiel ganz allein zu Ehren meines Geburtstages inszeniert.

Diesmal war ich es, die »Psst« machte, denn im Augenblick war ich viel zu beschäftigt, um darüber nachzudenken, woher er von diesem Platz wußte.

Immer mehr Dickhäuter kamen zum Bade. Vierzehn Elefanten aller Größen tummelten sich jetzt in den Fluten. Der aufgewühlte Sand hatte das Wasser verfärbt, und auch die graue Haut der Badenden schimmerte rötlich. Fast bis zu uns hinauf spritzte das Naß, so temperamentvoll ging es da unten zu. In allen Stimmlagen tuteten sie vor Vergnügen. Noch nie hatte ich so fröhliche, ja, ich möchte sagen, übermütige Tiere gesehen.

»Wir müssen fort, sonst kommen wir in die Dunkelheit«, raunte mir Hans zu.

Ich konnte mich einfach nicht losreißen.

»Bitte, noch fünf Minuten. Ich laufe auch ganz rasch, dann schaffen wir es schon!«

Schnell nahm ich mein Glas, um mir zum Abschied noch einmal alles ganz genau anzuschauen, besonders natürlich das Nesthäkchen. Behutsam hatte sich die Mutter über ihr Jüngstes gestellt, um es vor den rauhen Spielen der anderen zu schützen. Bis zum Bauch stand das Baby nun schon im Wasser, nur der kleine Kopf schaute neugierig zwischen den Beinen seiner Mama hervor.

»Nun komm aber«, sagte Hans energisch, »oder möchtest du etwa im Dunkeln wieder einem Büffel begegnen?«

Eilig traten wir den Rückweg an und erreichten tatsächlich das Lager mit dem allerletzten Licht.

»Woher kanntest du bloß diesen herrlichen Platz?«

Wir saßen gemütlich beim Schein unserer kleinen Lampe vor der Hütte. Auf dem Tisch stand eine Flasche Rotwein, und Apollinaire hatte uns zarte Büffelschnitzel bereitet. Jetzt endlich konnte Hans mir ausführlich erzählen, wie er dieses wunderschöne Erlebnis vorbereitet hatte.

Durch Zufall war er bei einem Pirschgang mit seinem Fährtensucher an diese Stelle gekommen. Und da er wußte, welch ungeheure Freude mir diese Entdeckung machen würde, hatte er den Heimweg unserer Safari nur darauf abgestellt, an meinem Geburtstag hier zu sein. Aus diesem Grunde allein war er so unerbittlich gewesen, streng auf der Einhaltung unserer dreißig Kilometer Tagesmarsch zu bestehen. Aber er selber hatte kaum zu hoffen gewagt, daß die Elefanten so brav »mitspielen« würden.

Wir waren beide sehr glücklich an diesem Abend, Hans über die gelungene Überraschung und ich über meinen einfallsreichen Mann.

Der Anblick von vierzehn badenden Elefanten, das war ein Geburtstagsgeschenk, wie man es wirklich nicht oft bekommt!

DES WAIDMANNS BEUTE

So verschiedenartig auch die Länder und Kontinente waren, die wir besuchten, und so abwechslungsreich und faszinierend die einzelnen Erlebnisse gewesen sein mögen, das Ende unserer Abenteuer war immer das gleiche. Am Schluß aller Unternehmungen stand: Verpackung und Zoll.

Denn dann mußten die Erinnerungsstücke, und mein Mann hat eine Vorliebe für besonders große Souvenirs, sowie die Jagdtrophäen eingepackt und versandfertig gemacht werden. Für mitteleuropäische Begriffe hört sich das wohl gar nicht so schwierig an, wie es in Wirklichkeit war.

Wo die wilden Tiere leben, gibt es nur wenig Menschen und natürlich keine Städte. Auch halten wir nicht viel davon, unsere exotischen Andenken in eleganten Geschäften für teueres Geld zu erstehen, sondern freuen uns mehr über Stücke, die wir selber an Ort und Stelle bei der eingeborenen Bevölkerung einhandeln konnten. Ursprünglicher und nach unserem Sinn echter waren sie dort zwar, viel billiger im Endeffekt allerdings nicht. Denn nun galt es, all die Schnitzereien, eine übergroße Tamtam-Trommel, uralte Eingeborenenspeere und die balinesische Tempeltür und natürlich auch die Felle, Gehörne und Zähne in das nächste Städtchen zu transportieren. Das allein schon war ein nervenaufreibendes Unterfangen. Ich wundere mich selbst, wie es immer wieder gelang, Träger, Traktoren und andere Transportmittel hierfür zu finden. Aber sie mußten eben gefunden werden, und so fanden wir sie schließlich auch.

Im nächsten Städtchen angekommen, und in Afrika lagen die nächsten Städte nie weniger als eintausend Kilometer weit entfernt, ging es gleich wieder los mit neuen Problemen. Wohin mit dem Zeug? Selbst das bescheidenste Hotel hätte uns mit dieser Art von Gepäck wohl kaum aufgenommen, zumal es – was die stolzen Trophäen betraf – einen recht üblen Geruch ausströmte. So mußte also eine leere Garage oder ein Schuppen gefunden werden. Unseren weißen Gastgebern sei an dieser Stelle für ihre Nachsicht und Hilfsbereitschaft herzlichst gedankt.

Alsdann gingen wir daran, einen Schreiner ausfindig zu machen, der für all unsere sperrigen Mitbringsel Kisten bauen mußte. Denn fertige Kästen, in die beispielsweise ein über zwei Meter langer Elefantenzahn oder ein Steinbuddha von zwei Zentnern Gewicht hineinpaßte, die gab es nirgends.

War auch diese Klippe glücklich umschifft, galt es, die zur Ausfuhr notwendigen Bescheinigungen zusammenzutragen, denn ein Land ohne Papierkrieg habe ich bisher noch nicht erlebt. Der Veterinär mußte bescheinigen, daß unsere Trophäen keine bösen Seuchen ausschleppen würden. Hierzu mußten sie vorher in zehnprozentiger Formollösung gebadet werden; und allein die Gefäße hierfür zu finden, war nicht leicht. Die Jagdbehörden mußten bescheinigen, daß die strengen Abschußvorschriften eingehalten wurden, und der Herr Bürgermeister mußte beglaubigen, daß es sich bei der alten Maske nicht um einen Kunstgegenstand handelte, dessen Export verboten war.

Und dann kamen der Zoll und die Zöllner.

Meist war es unmöglich, die schweren Riesenkisten zum Zollamt zu schleppen, und so kamen die Beamten zu uns.

ARNOLD

Jeder einzelne Teil unserer Habe, ob Knochen, Fell oder Feder, ob Holzplastik oder Musikinstrument, ob Gummimatratze oder Campinggeschirr, ob altes Buschhemd oder Batikstoff, alles, alles wurde in lange Listen eingetragen. Und wenn all die vielen notwendigen Papierchen endlich all die vielen erforderlichen Stempel hatten, dann waren wir in genau der gleichen Lage wie unser Gepäck: wir waren fertig. Fertig zur Heimreise!
Im Laufe der Zeit hatte ich einige Routine im Umgang mit Zöllnern gewonnen. Ich wußte, was sie gerne hatten, und richtete mich schon im vorhinein danach. Ihre Fragen beantwortete ich im Ton eines aufmerksamen Schulkindes, und vor allem, ich erkannte sie als absolute Autorität an. Hans, der in solchen Fällen leicht ungeduldig wird, zog ich zu diesen Verhandlungen lieber nicht hinzu.
Das netteste zolltechnische Erlebnis hatte ich in Bali. Der Beamte kam, nahm meine mühsam vorbereiteten Listen und begann mit seiner Kontrolle. Dabei war er sorgsam darauf bedacht, zu überprüfen, daß auch kein einziger der angeführten Gegenstände fehlte. Jedes einzelne Stück ließ er sich zeigen und versah es auf der Liste mit einem Kreuzchen. Er kam gar nicht auf den Gedanken, daß ein Zuviel strafbar gewesen wäre, sondern gab mir seinen so wichtigen Stempel erst, als ich einen fehlenden Eierlöffel aus dem Bestand meiner Gastgeberin schnell ersetzte.
Natürlich wählten wir für unser Frachtgut die billigste Transportart, und das war auch die langsamste. Auf Lastwagen zum nächsten Küstenort, dort auf ein Schiff nach Hamburg und dann mit Güterzug nach München. So etwas dauert bis zu einem halben Jahr, wenn man Glück hat. Und manchmal sogar länger.

Obwohl mein Mann der Ankunft seiner Schätze mit Ungeduld entgegensah, störten mich diese Verzögerungen nicht im geringsten. Denn ich hatte ja nun neue Probleme zu bewältigen.

Der Inhalt unserer Kisten mußte in der Wohnung untergebracht werden, und so galt es, hierfür die entsprechenden Vorbereitungen zu treffen oder, besser gesagt, Platz zu schaffen.

Wie jedes junge Mädchen, so hatte auch ich in ahnungsloser Unschuld von dem behaglichen Heim geträumt, in dem ich eines Tages als treusorgende Hausfrau walten wollte. Für das ganz Moderne bin ich nicht, Drahtmöbel und kahle Nüchternheit sind mir ein Greuel. Deshalb wollte ich aber nicht gleich ins andere Extrem fallen und in einem Museum antiker Möbel leben. Meine Wohnung sollte vor allem gemütlich sein und gediegen; modern, wo das praktisch ist, und so stilvoll, wie es sich mit dem Geldbeutel vereinen ließ.

Ich hatte da ganz bestimmte Vorstellungen, und es war schön, Pläne zu schmieden und sich auszumalen, wie mein Heim dermaleinst aussehen würde.

Aber wie oft im Leben, kam dann alles anders, ganz und gar anders, als ich gedacht hatte. Mein zukünftiger Lebensgefährte verfügte bereits über einen kompletten Hausrat, und zwar über einen so vollständigen, daß es große Schwierigkeiten bereitete, die endlich gefundene Wohnung nicht zu überfüllen. Aber schließlich war alles eingerichtet, und wir waren beide sehr zufrieden mit unserer Heimstatt. Sie gefiel mir so gut, daß mir der Gedanke fern lag, jemals etwas daran zu ändern.

Jedoch hatte ich die Rechnung ohne den Wirt gemacht,

in diesem Fall vielmehr ohne den Jäger. Denn mein Mann war ein Waidmann, und als solcher war es für ihn ein verständlicher Wunsch, die konservierten Reste seiner jagdlichen Beute stets vor Augen, das heißt an den Wänden zu haben.

Es fing ganz harmlos an. Für eine starke Gamskrucke findet sich immer ein Plätzchen, und das hübsche Rehgehörn gefiel mir selber recht gut über dem Bücherschrank. Mit dem prächtigen Vierzehnender war die Sache schon nicht mehr so einfach, und Hans war nicht sehr glücklich über die Lösung, als ich ihn über die Eingangstür in der Diele hängte. Schwierig wurde es dann mit den Großen und Kleinen Hahnen. In Balzstellung ausgestopft, nehmen sie nämlich ziemlich viel Platz für sich in Anspruch, und nach langen Überlegungen entschlossen wir uns, ihnen die Wände des Eßzimmers einzuräumen. Daß hierfür die hübschen alten Stiche weichen mußten, schien meinen Mann weniger zu bedrücken als mich.

Und so kam im Laufe der Zeit und der Jahre noch dieses und jenes hinzu. Die Trophäen aus dem eigenen Revier fallen zum Glück ja einzeln an und über längere Zeitabschnitte verteilt. Ich hatte mich also schon daran gewöhnt, daß an Stelle der Miniatur jetzt eine Krucke über der Kommode hing, bevor mein Jäger die nächste Beute heimbrachte.

Aber dann kam der Tag, da die erste ausländische Kiste in München eintraf. Eine kurze Galgenfrist hatte ich noch, denn zunächst mußten die Sachen zum Präparator, um gesäubert, bearbeitet und montiert zu werden. Während dieser Zeit sah ich Hans häufig durch die einzelnen Räume unserer Behausung gehen und mit seinen Blicken die

Wände abmessen. Ich wußte genau, was er dabei dachte und was mir bevorstand.
Schließlich war es soweit, und das große Umräumen begann. Das Abnehmen von Bildern und sonstigem Wandschmuck genügte nicht mehr. Der Bücherschrank kam auf den Boden, denn über einem niederen Regal war natürlich mehr Platz für den wirklich kapitalen Steinbock, der so gut war, daß er mit Haupt präpariert werden mußte. Mein Waidmann war nämlich dazu übergegangen, jeweils die besten seiner Trophäen nicht mit gebleichten Schädelknochen, sondern mit Decke bis zum Träger ausgestopft, konservieren zu lassen. Besonders im Fall seines Elches störte mich das ein wenig, denn so beachtlich ich auch die vielgezackte Schaufel fand, so häßlich schien mir der Kopf dieses Tieres, vor allem die gewaltige Unterlippe. Das Eisbärfell konnte einfach auf den Boden gelegt werden und ersparte die Anschaffung eines neuen Teppichs.
Nur mit List und Tücke war es mir gelungen, das Wohnzimmer frei von den Zeugen jagdlicher Tätigkeit zu halten, und hierfür war ich bereit, meinem Mann in seinem Arbeitsraum völlig freie Hand zu lassen.
In diesem Wohnzimmer stand, und damit war ich vollkommen einverstanden, ein Goldlackschrank aus Siam. Er war eines von den voluminösen Mitbringseln, für die mein Mann, wie gesagt, eine besondere Vorliebe hat. Aber er ist sehr schön, und ich hatte mich riesig gefreut, als die verloren geglaubte Kiste nach sieben Monaten und sehr viel Schreiberei dann endlich auf einem Pier in Genua wieder aufgefunden wurde.
So war es denn selbstverständlich, daß die balinesische Tempeltür in diesem Zimmer eingebaut wurde, denn In-

donesien wie Thailand liegen in Asien, und so paßte es zusammen. Der Eingang wurde zwar sehr viel schmaler dadurch, denn die Balinesen sind ein sehr schlankes und zierliches Volk. Doch sind bisher alle unsere Gäste hindurchgegangen.

Aber dann kamen die Tiger! Ich war schon sehr neugierig darauf, welches Möbelstück mein Mann zugunsten seines so schwer erkämpften Menschenfressers in die Abstellkammer verbannen würde, und erklärte mich bereit, auch meine gestreifte Riesenkatze zur Ausschmückung seines Raums zur Verfügung zu stellen.

Doch in diesem Fall wurde ich das Opfer männlicher Logik, oder darf ich es sogar Spitzfindigkeit nennen? Denn mit wohlgesetzten Worten, viel ausführlicher, als es sonst seine Art war, versuchte mein Mann, mich davon zu überzeugen, daß ja die Heimat unserer Tiger, nämlich der Dschungel auf der Insel Sumatra, geographisch gesehen ohne Zweifel zu Asien gehöre und diese fernöstlichen Trophäen daher unmöglich in seinem europäischen Jagd- und Arbeitszimmer am Platze seien. Zu dem Siam-Schrank jedoch und der Bali-Tür würden sie großartig passen und sie würden durch ihr Vorhandensein meinem Wohnzimmer erst den rechten Glanz verleihen. Ich gab mich geschlagen.

Das Raumbedürfnis unserer afrikanischen Trophäen war noch größer, aber selbst der erfindungsreichste und passionierteste Waidmann kann keinen Grund ersinnen, sie irgendwo anders unterzubringen als im eigensten Reich des Hausherrn. Von dem großen, alten Gobelin, einem Erbstück, das nun schon in der dritten Generation im Arbeitszimmer des jeweiligen Familienoberhauptes hing, trennte

sich Hans ohne viel Kummer. In die leer gewordene Wand wurden vom Schlosser Spezialhaken eingegipst, denn der schwerste Stoßzahn wog fast vierzig Kilo und die Helme der Büffel waren auch recht gewichtig.
Diesmal drehte ich den Spieß um und bestand darauf, daß der Tuareg-Sattel, die große Trommel und die primitiven Schnitzereien vom Kongo natürlich nur unter dieser Trophäenwand ihren Platz finden könnten. Hans revanchierte sich sofort, indem er seine malaiische Kris-Sammlung an die Wand meines »asiatischen Salons« nagelte.
Nach jeder neuen Umgruppierung war ich fest davon überzeugt, daß nun aber wirklich nichts mehr unterzubringen war. Doch meinem Waidmann war es immer wieder möglich. Und wenn es gar nicht anders ging, nahm er das eine oder andere mindere Stück mit in die Jagdhütte, damit dort die Wände nicht gar zu kahl erschienen. Ich förderte dies noch durch eine Feststellung, daß die besonders gute Trophäe viel besser wirkte, wenn sie nicht zu sehr in einem Wald der Stangen und Hörner verschwand.
Mein Waidmann genießt es immer wieder aufs neue, wenn Gäste, die zum ersten Male unser Heim betreten, je nach Temperament ihr Erstaunen und ihre Begeisterung äußern. Es ist stets dasselbe: die Männer, zumal wenn es Waidmänner sind, verwickeln Hans sofort in jagdliche Gespräche, begutachten jedes einzelne Stück und fallen zunächst für die allgemeine Konversation aus.
Die Damen jedoch ziehen mich in eine stille Ecke und fragen voller Mitgefühl:
»Wie halten Sie das alles bloß sauber?«
Worauf ich ebenso kurz wie zutreffend antworten muß:
»Gar nicht!«

C.ARNOLD

Ganz abgesehen davon, daß es völlig unmöglich wäre, das tägliche Staubwischen auch auf die Gehörne und Geweihe auszudehnen, von den ausgestopften Vögeln gar nicht erst zu reden, hat mir mein Mann netterweise sogar verboten, seinen kostbaren Trophäen mit Bürste, Seife oder Staubsauger näherzutreten. Es könnte doch irgend was beschädigt werden.

Diese Arbeit übernimmt er selber. Zu den Zeiten des allgemeinen Hausputzes, im Frühjahr und im Herbst, kommt der Präparator. Er hat all die Trophäen ausgestopft, montiert und – was mir am wesentlichsten erscheint – eulanisiert, das heißt gegen Motten immun gemacht. Mit ihm zusammen nimmt Hans jedes Stück sorgsam von der Wand, reinigt es und hängt es wieder auf, denn nur Männer können mit diesen Kostbarkeiten richtig umgehen. Diese Säuberung muß für das nächste halbe Jahr wiederum genügen.

Mit Bangen – aber auch mit Interesse – sehe ich nun der nächsten Jagdreise entgegen, denn auf dem Schreibtisch meines Mannes liegen in letzter Zeit Spezialkarten von Alaska. Und dort soll es ganz besonders große Bären geben.

INHALT